图 1-1　紫环反应结果

(1)—10g/L葡萄糖溶液；　(2)—10g/L果糖溶液；　(3)—10g/L蔗糖溶液；
(4)—10g/L淀粉溶液；　(5)—1g/L糠醛溶液

图 1-2　塞氏试剂反应结果

(1)～(3)号依次为：葡萄糖、果糖、蔗糖

图 2-1　斐林试剂反应结果

(1)～(5)号依次为：葡萄糖、果糖、蔗糖、麦芽糖、淀粉

图 2-2　本尼迪特试剂反应结果

(1)～(5)号依次为：葡萄糖、果糖、蔗糖、麦芽糖、淀粉

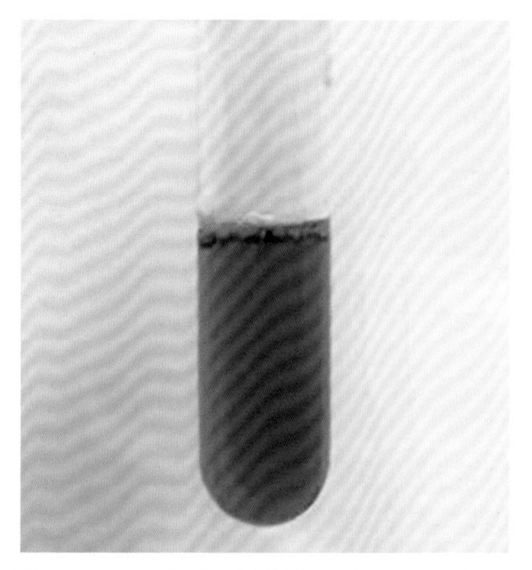
图 11-1　卵清蛋白溶液双缩脲反应结果

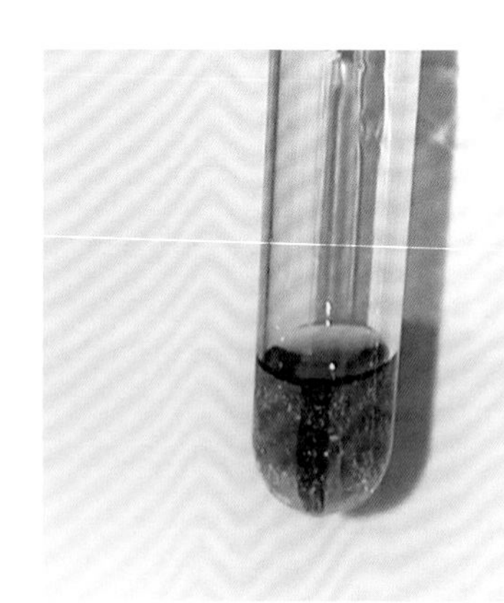
图 11-2　蛋白质溶液的茚三酮反应结果

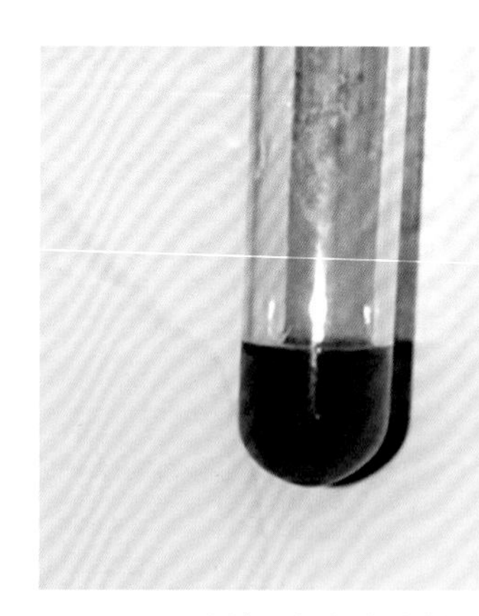
图 11-3　甘氨酸溶液的茚三酮反应结果

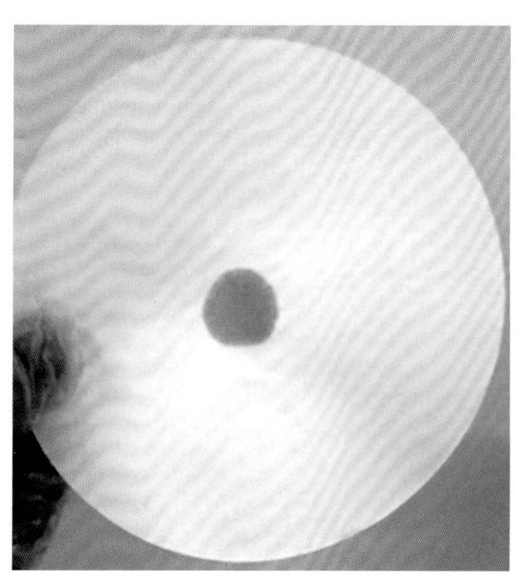
图 11-4　甘氨酸溶液的茚三酮反应结果（滤纸）

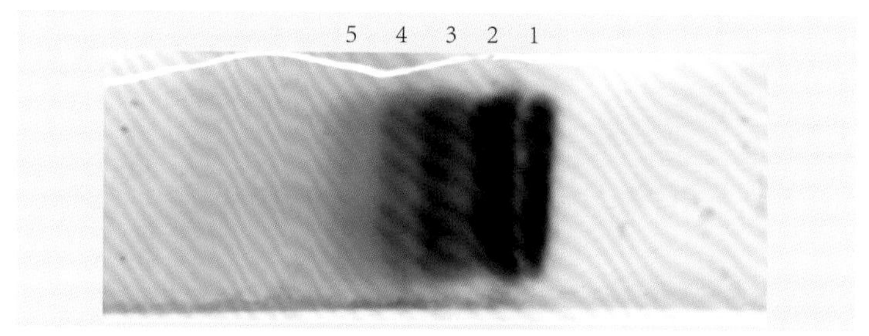

图 18-4　电泳结果

1～5号依次为：清蛋白、α_1-球蛋白、α_2-球蛋白、β-球蛋白和γ-球蛋白

图 27-1　不同温度下淀粉酶催化淀粉水解程度

从左至右依次为 (1)～(4) 号管

图 27-2　不同pH条件下淀粉酶催化淀粉水解程度

从左至右依次为 (1)～(4) 号管

图 27-3　不同pH条件下淀粉酶催化淀粉水解程度

从左至右依次为 (1)～(4) 号管

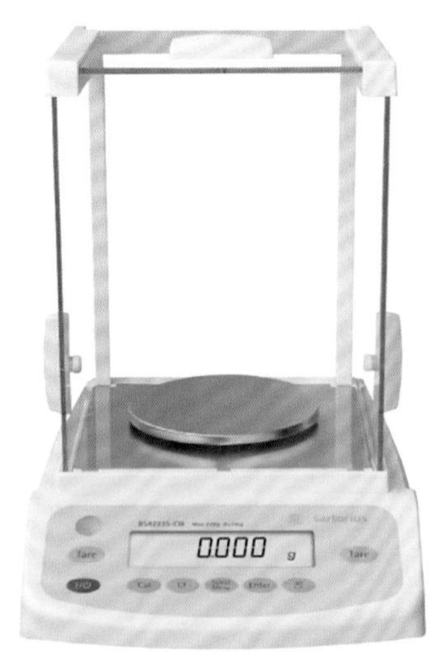

图 39-2　电子天平

图 39-3　离心机

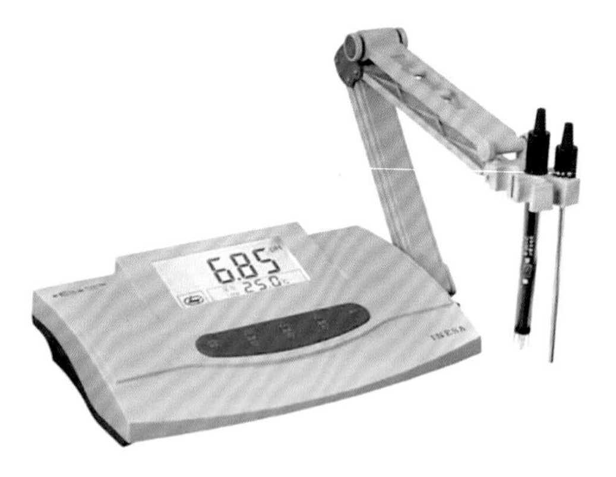

图 39-4　酸度计

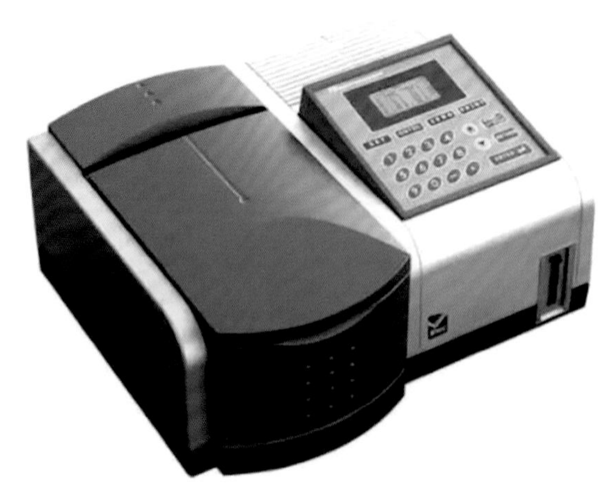

图 39-5　紫外可见分光光度计

普通高等教育规划教材

生物化学实验指导教程

徐丹丹　李　斌　张志勇　主编

化学工业出版社

·北京·

内容简介

全书分为基础实验、综合实验和附录三个部分。共38个实验项目，包括糖类的检测和分析、脂类的提取和检测、蛋白质的分离制备与检测分析、核酸的分离提取及检测、酶的性质研究及活力测定、维生素含量检测等。附录部分包含了生物化学实验室常用的基本实验操作方法、常用仪器使用方法和一些常见试剂的配制参考。另外还加入了与实验内容相对应的习题集，并附有参考答案。部分实验结果中加入了图片资料，供实验中参考。

本书适合作为普通高等院校各类理工科专业的生物化学实验课教材或参考书。

图书在版编目（CIP）数据

生物化学实验指导教程/徐丹丹，李斌，张志勇主编. —北京：化学工业出版社，2022.4

ISBN 978-7-122-40790-0

Ⅰ.①生… Ⅱ.①徐…②李…③张… Ⅲ.①生物化学-实验-高等学校-教材 Ⅳ.①Q5-33

中国版本图书馆CIP数据核字（2022）第025078号

责任编辑：李　丽　　文字编辑：朱雪蕊　陈小滔
责任校对：宋　夏　　装帧设计：关　飞

出版发行：化学工业出版社（北京市东城区青年湖南街13号　邮政编码100011）
印　　装：大厂聚鑫印刷有限责任公司
710mm×1000mm　1/16　印张11¾　彩插2　字数229千字　2022年7月北京第1版第1次印刷

购书咨询：010-64518888　　售后服务：010-64518899
网　　址：http://www.cip.com.cn
凡购买本书，如有缺损质量问题，本社销售中心负责调换。

定　　价：39.00元

编写人员名单

主　　编　徐丹丹　李　斌　张志勇

副 主 编　段辉国　张　楠

编写人员　付伟丽　陈发军　彭慧娟

　　　　　段辉国　张　楠　齐泽民

　　　　　徐丹丹　李　斌　张志勇

前言

生物化学作为生命科学的核心，是生物科学、生物工程与技术、食品、医药和农业（包括水产养殖学）等相关专业的基础课程，是进一步学习其他相关课程的必备基础知识。生物化学实验是生物化学教学的重要组成部分，是贯穿理论联系实际、培养学生动手能力和科学作风的重要环节，因此，生物化学实验也被作为基础核心课程列入了高等院校生命科学各专业的教学计划中，并且实验课单独作为一门课程开设。

随着生物化学技术的发展，目前已出版的生物化学实验教材种类繁多，包含的实验内容也更加广泛，但其中会有一些与其他实验课程的重复，或者在本科实验教学课堂中不易实现的实验项目。本书在编写中，突出基础实验，配合综合实验，实验内容简明、实用。强调了最基本的实验原理、技术和方法，部分实验加入了课堂教学的实验结果作为参考。实验中尽量选用简单易得的材料和试剂，并且每个实验详细列出了所需的仪器、材料和试剂及配制方法等，不仅可以作为实验教材供教学使用，也可以为学生毕业论文实验和自主实验等开放性实验提供详细参考。

全书共38个实验项目，包括糖类的检测和分析、脂类的提取和检测、蛋白质的分离制备与检测分析、核酸的分离提取及检测、酶的性质研究及活力测定、维生素含量检测等。附录部分包含了生物化学实验室常用的基本实验操作方法、常用仪器使用方法和一些常见试剂的配制参考。另外还加入了与实验内容相对应的习题集，并附有参考答案。本书适合作为普通高等院校各类理工科专业的生物化学实验课教材或参考书。

衷心感谢所有参编人员为本教材编写付出的艰辛努力，以及所在单位的各级领导和有关部门的热情鼓励和支持。由于生物化学实验技术发展迅速，内容涉及广泛，加之编者水平和经验有限，本书难免存在不足之处，敬请使用本书的师生和其他读者批评指正。

目 录

第一篇 基础实验 / 1

第二篇　综合实验 / 131

附录 / 159

第一篇　基础实验

实验一　糖类的颜色反应

实验目的

1. 了解糖类某些颜色反应的原理。
2. 学习应用糖的颜色反应鉴别糖类的方法。

一、α-萘酚反应（Molisch 反应）

（一）实验原理

糖在浓无机酸（硫酸、盐酸）作用下，脱水生成糠醛及糠醛衍生物，后者能与 α-萘酚（亦可用麝香草酚或其他苯酚化合物代替 α-萘酚。麝香草酚的优点是溶液比较稳定，且灵敏度与萘酚一样）生成紫红色物质。因为糠醛及糠醛衍生物对此反应均呈阳性，故此反应不是糖类的特异反应。α-萘酚反应很灵敏，0.001g/L 的葡萄糖及 0.001g/L 的蔗糖溶液即有反应。

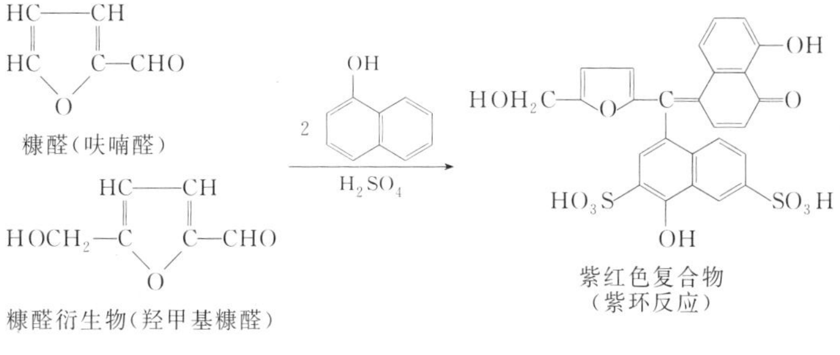

糠醛（呋喃醛）

糠醛衍生物（羟甲基糠醛）

$\xrightarrow{2\ \alpha\text{-萘酚},\ H_2SO_4}$

紫红色复合物
（紫环反应）

(二) 仪器、材料和试剂

1. 仪器/器具

试管、试管架、滴管

2. 材料

α-萘酚、95%乙醇、葡萄糖、果糖、蔗糖、淀粉、糠醛、浓硫酸（H_2SO_4）

3. 试剂

(1) 莫氏（Molisch）试剂：50g/L α-萘酚的乙醇溶液 1500mL 称取 α-萘酚 5g，溶于 95%乙醇中总体积达 100mL，贮于棕色瓶内。用前配制。

(2) 10g/L 葡萄糖溶液 100mL

(3) 10g/L 果糖溶液 100mL

(4) 10g/L 蔗糖溶液 100mL

(5) 10g/L 淀粉溶液 100mL

(6) 1g/L 糠醛溶液 100mL

(7) 浓硫酸 500mL

(三) 实验步骤

取 5 支试管，分别加入 10g/L 葡萄糖溶液、10g/L 果糖溶液、10g/L 蔗糖溶液、10g/L 淀粉溶液、1g/L 糠醛溶液各 1mL。再向 5 支试管中各加入 2 滴莫氏试剂，充分混合。操作中注意滴加莫氏试剂时试剂勿与管壁接触，否则加浓硫酸时，与莫氏试剂生成绿色，影响实验结果。斜执试管，沿管壁慢慢加入浓硫酸约 1mL，慢慢竖起试管，切勿摇动。浓硫酸在试液下形成两层。在二液分界处有紫红色环出现。观察记录各管颜色。

(四) 实验结果

各试剂与莫氏试剂反应现象记录于表 1-1，紫环反应结果见图 1-1。

表 1-1 各试剂与莫氏试剂反应现象

试剂	现象	解释现象
10g/L 葡萄糖溶液		
10g/L 果糖溶液		
10g/L 蔗糖溶液		
10g/L 淀粉溶液		
1g/L 糠醛溶液		

(1) (2) (3) (4) (5)

图 1-1 紫环反应结果（彩图）

(1)—10g/L 葡萄糖溶液；(2)—10g/L 果糖溶液；(3)—10g/L 蔗糖溶液；
(4)—10g/L 淀粉溶液；(5)—1g/L 糠醛溶液

二、间苯二酚反应（Seliwanoff 反应）

（一）实验原理

在酸作用下，酮糖脱水生成羟甲基糠醛，后者再与间苯二酚作用生成红色物质。此反应是酮糖的特异反应。醛糖在同样条件下呈色反应缓慢，只有在糖浓度较高或煮沸时间较长时，才呈微弱的阳性反应。在实验条件下蔗糖有可能水解而呈阳性反应。

（二）仪器、材料和试剂

1. 仪器/器具

试管、试管架、滴管、恒温水浴、天平

2. 材料

间苯二酚、浓盐酸（HCl）、葡萄糖、果糖、蔗糖

3. 试剂

（1）塞氏（Seliwanoff）试剂：0.5g/L 间苯二酚-盐酸溶液 1000mL

称取间苯二酚 0.05g 溶于 30mL 浓盐酸中，再用蒸馏水稀释至 100mL。配制塞氏试剂时，盐酸的浓度不能超过 12%，否则易使糖生成糠醛及其衍生物，影响实验结果。

（2）10g/L 葡萄糖溶液 100mL

（3）10g/L 果糖溶液 100mL

（4）10g/L 蔗糖溶液 100mL

（三）实验步骤

取 3 支试管，分别加入 10g/L 葡萄糖溶液、10g/L 果糖溶液（果糖进行此反应

时，有时有沉淀产生，沉淀能溶于乙醇成红色溶液）、10g/L 蔗糖溶液各 0.5mL。再向各管分别加入塞氏试剂 5mL，混匀。将 3 支试管同时放入沸水浴中，注意观察、记录各管颜色的变化及变化时间。

（四）实验结果

各试剂与塞氏试剂反应现象记录于表 1-2，反应结果见图 1-2。

表 1-2　各试剂与塞氏试剂反应现象

试剂	现象	解释现象
10g/L 葡萄糖溶液		
10g/L 果糖溶液		
10g/L 蔗糖溶液		

(1)　　(2)　　(3)

图 1-2　塞氏试剂反应结果（彩图）

（1）～（3）号依次为：葡萄糖、果糖、蔗糖

（五）思考题

1. 可用何种颜色反应鉴别酮糖的存在？
2. 为什么不同糖类产生颜色反应的时间不同？

实验二 糖类的还原作用

（一）实验目的

学习几种常用的鉴定糖类还原性的方法及其原理。

（二）实验原理

许多糖类分子中含有自由的或潜在的醛基或酮基，在碱性溶液中能将铜、铋、汞、铁、银等金属离子还原，同时糖类本身被氧化成糖酸及其他产物。糖类这种性质常被用于检测糖的还原性及还原糖的定量测定。

本实验进行糖类的还原作用所用的试剂为斐林试剂和本尼迪特试剂。斐林和本尼迪特试剂中的酒石酸钾钠或柠檬酸钠的作用是防止反应产生的氢氧化铜或碳酸铜沉淀。碱的作用是使糖烯醇化变为强还原剂，碱也能使糖分子分解成活性碎片，这些碎片也能使金属离子还原。同时碱能使硫酸铜变成 $Cu(OH)_2$。它们都是含 Cu^{2+} 的碱性溶液，能使还原糖氧化而本身被还原成红色或黄色的 Cu_2O 沉淀。生成 Cu_2O 沉淀的颜色不同是在不同条件下产生的沉淀颗粒大小不同引起的，颗粒小呈黄色，大则呈红色。如有保护性胶体存在时，常生成黄色沉淀。

（三）仪器、材料和试剂

1. 仪器/器具

试管及试管架、竹试管夹、恒温水浴、电磁炉、天平

2. 材料

硫酸铜（$CuSO_4 \cdot 5H_2O$）、氢氧化钠（NaOH）、酒石酸钾钠、柠檬酸钠、碳酸钠（$Na_2CO_3 \cdot H_2O$）、葡萄糖、果糖、蔗糖、麦芽糖、淀粉

3. 试剂

（1）斐林（Fehling ）试剂（氯仿、铵盐对斐林试剂法有干扰作用，但氯仿不干扰本尼迪特试剂法）1000mL

甲液（硫酸铜溶液）：称取 34.5g 硫酸铜（$CuSO_4 \cdot 5H_2O$）溶于 500mL 蒸馏水中。

乙液（碱性酒石酸盐溶液）：称取 125g 氢氧化钠和 137g 酒石酸钾钠溶于 500mL 蒸馏水中。

为了避免变质，甲液、乙液分开保存。用前，将甲液、乙液等量混合即可。

（2）本尼迪特（Benedict）试剂（本尼迪特试剂是改良的斐林试剂，其优点是试剂稳定、灵敏度高，即使葡萄糖含量很少也能生成大量沉淀）1000mL

称取柠檬酸钠 173g 及碳酸钠（$Na_2CO_3 \cdot H_2O$）100g 加入 600mL 蒸馏水中加热使其溶解，冷却，稀释至 850mL。

另称取 17.3g 硫酸铜溶解于 100mL 50～60℃蒸馏水中，冷却稀释至 150mL。

最后，将硫酸铜溶液缓慢地加入柠檬酸钠-碳酸钠溶液中，边加边搅拌，混匀，如有沉淀，过滤后贮于试剂瓶中，可长期保存使用。

（3）10g/L 葡萄糖溶液 100mL

（4）10g/L 果糖溶液 100mL

（5）10g/L 蔗糖溶液 100mL

（6）10g/L 麦芽糖溶液 100mL

（7）10g/L 淀粉溶液 100mL

（四）实验步骤

1. 先取 1 支试管加入斐林试剂约 1mL，再加入 4mL 蒸馏水，加热煮沸，如有沉淀生成，说明此试剂已不能使用。经检验，试剂合格后再进行下述实验。

2. 取 5 支试管，分别加入 2mL 斐林试剂，再向各试管分别加入 10g/L 葡萄糖溶液、10g/L 果糖溶液、10g/L 蔗糖溶液、10g/L 麦芽糖溶液、10g/L 淀粉溶液各 1mL。置沸水中加热 5～10min，取出，冷却，观察各管溶液的变化。

3. 另取 6 支试管，用本尼迪特试剂重复上述实验。

4. 比较两种试剂法的结果。

（五）实验结果

斐林、本尼迪特试剂与各样品的反应现象记录于表 2-1。反应结果如图 2-1、图 2-2 所示。试解释表 2-1 现象。

表 2-1　各样品与斐林、本尼迪特试剂反应现象

试剂	10g/L 葡萄糖溶液	10g/L 果糖溶液	10g/L 蔗糖溶液	10g/L 麦芽糖溶液	10g/L 淀粉溶液
斐林试剂					
本尼迪特试剂					

（六）思考题

1. 斐林、本尼迪特试剂法检验糖的原理是什么？

2. 试比较斐林和本尼迪特试剂法在糖类还原性鉴定中的优缺点。

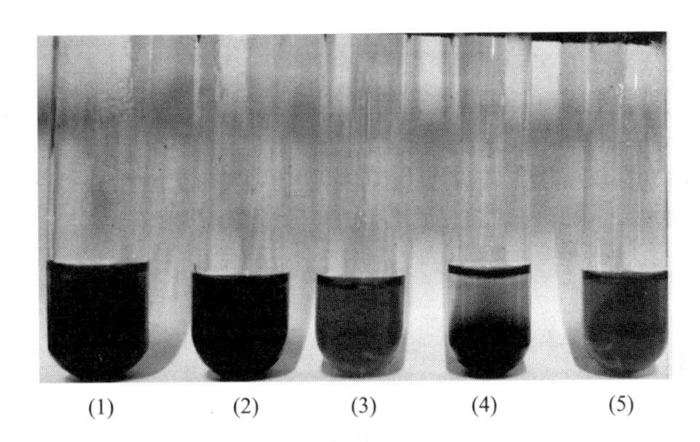

图 2-1　斐林试剂反应结果（彩图）

(1)～(5) 号依次为：葡萄糖、果糖、蔗糖、麦芽糖、淀粉

图 2-2　本尼迪特试剂反应结果（彩图）

(1)～(5) 号依次为：葡萄糖、果糖、蔗糖、麦芽糖、淀粉

实验三　蒽酮比色法测定总糖含量

（一）实验目的

1. 学习总糖测定蒽酮比色法的原理和方法。
2. 学习分光光度计的原理和操作方法。

（二）实验原理

总糖是指样品中的还原单糖及在本法测定条件下能水解成还原单糖的蔗糖、麦芽糖和可部分水解为葡萄糖的淀粉。

检测总糖的方法很多，根据显色剂不同有蒽酮比色法、斐林试剂比色法、磷钼酸比色法、邻甲苯胺比色法及3,5-二硝基水杨酸法等。其中蒽酮比色法是测定样品中总糖量的一个灵敏、快速、简便的方法。其原理是糖类在较高温度下被硫酸作用脱水生成糠醛或糠醛衍生物与蒽酮（$C_{14}H_{10}O$）缩合成蓝色化合物。溶液含糖量在150μg/mL以内，与蒽酮反应生成的颜色深浅与糖量成正比。

蒽酮不仅能与单糖也能与双糖、糊精、淀粉等直接反应，样品不必经过水解。

（三）仪器、材料和试剂

1. 仪器/器具

试管（或具塞试管）及试管架、移液器、沸水浴、冰浴、分光光度计、天平

2. 材料

蒽酮（$C_{14}H_{10}O$）、98%硫酸（H_2SO_4）、葡萄糖、白薯或发芽3～5d的小麦黄化苗

3. 试剂

（1）蒽酮试剂

称取100mg蒽酮溶于100mL 98%硫酸溶液（分析纯）中，用时配制。

（2）葡萄糖标准溶液（100μg/mL）

精确称取100mg干燥葡萄糖，用蒸馏水定容至1000mL。

（3）样品溶液

可自选待测物制成样品溶液。

举例：称取500g市售白薯，洗净切碎后用多功能食品加工机磨成浆，4层纱

布压滤、弃滤液留渣，将渣放入烘箱内80～85℃烘干后，再用植物粉碎机（微型）研细，过筛，取100目筛下物为待测样品。

取样品在烘箱内105℃烘干，恒重后，精确称取1～5g，置于锥形瓶中，加入80mL沸蒸馏水，放入沸水浴。不时摇动，提取0.5h。取出立即过滤，残渣用沸蒸馏水反复洗涤并过滤，合并滤液。冷却至室温，用蒸馏水定容至100mL。样品溶液必须透明，样品中如有蛋白质，对实验有影响，须设法除去。

（四）实验步骤

1. 制作标准曲线（必须严格控制反应过程的温度和加热时间）

取7支干燥洁净的试管，编号后按表3-1操作。

表3-1　制作标准曲线时各试剂用量　　单位：mL

试剂	编号						
	1	2	3	4	5	6	7
葡萄糖标准液	0	0.10	0.20	0.30	0.40	0.60	0.80
H_2O	1.0	0.90	0.80	0.70	0.60	0.40	0.20
蒽酮试剂	10	10	10	10	10	10	10

每管加入葡萄糖标准液和水后立即混匀，迅速置于冰浴中，待各管都加入蒽酮试剂后（要在冰浴条件下加入蒽酮，以防止发热，影响颜色反应。生成的颜色较稳定，在4h内无明显变化），同时置于沸水浴中，准确加热7min，立即取出置于冰浴中迅速冷却。待各管溶液达到室温后，用光径1cm的比色皿，以第一管为空白，迅速测定各管的光吸收值。然后以2～7管溶液含糖量（单位：μg）为横坐标，吸光度（A_{620nm}）为纵坐标，绘制含糖量与A_{620nm}值的相关标准曲线。

2. 测定样品的含糖量

取4支试管按表3-2操作。

表3-2　测定样品含糖量时各试剂用量　　单位：mL

试剂	编号			
	1	2	3	4
样品溶液	0	1.0	1.0	1.0
H_2O	1.0	0	0	0
蒽酮试剂	10.0	10.0	10.0	10.0

其他操作与制作标准曲线相同。取2～4管的A_{620nm}平均值，根据A_{620nm}平均值从标准曲线上查出相应的含糖量，再换算成100g样品中总糖的含量。

（五）思考题

1. 用蒽酮比色法测定样品中糖含量时，应注意什么？为什么？

2. 用水提取的糖类有哪些？

3. 本法是否可以用来测定血液、水果、蜂蜜及蔬菜的总糖含量？是否可以用来测定这些物质的还原糖含量？为什么？

实验四
还原糖的测定——3,5-二硝基水杨酸比色法

（一）实验目的

学习3,5-二硝基水杨酸比色法测定还原糖的原理和方法。

（二）实验原理

还原糖是指含有自由醛基或酮基的糖类，单糖都是还原糖，双糖和多糖一部分是还原糖，其中乳糖和麦芽糖是还原糖，蔗糖和淀粉是非还原糖。

在碱性条件下，还原糖与黄色的3,5-二硝基水杨酸（DNS）共热，还原糖被氧化成糖酸及其他产物，3,5-二硝基水杨酸则被还原为棕红色的3-氨基-5-硝基水杨酸。在一定范围内，还原糖的含量与棕红色物质颜色的深浅成正比，利用分光光度计，在540nm波长下测定溶液的吸光度，查对标准曲线并计算，便可求出样品中还原糖的含量。

（三）仪器、材料和试剂

1. 仪器/器具

试管、烧杯、锥形瓶、移液器、量筒、容量瓶、恒温水浴、离心机、分光光度计、天平、漏斗

2. 材料

食用面粉、葡萄糖、3,5-二硝基水杨酸、酚、氢氧化钠（NaOH）、亚硫酸氢钠（$NaHSO_3$）、酒石酸钾钠

3. 试剂

（1）3,5-二硝基水杨酸（DNS试剂）1000mL

将6.3g 3,5-二硝基水杨酸和262mL 2mol/L的氢氧化钠溶液，加入到500mL含有185g酒石酸钾钠的热水溶液中，再加入5g结晶酚（酚有毒，易挥发）和5g亚硫酸氢钠，搅拌溶解。冷却后加蒸馏水定容至1000mL，贮存于棕色瓶中备用。

（2）葡萄糖标准液（1mg/mL）

精确称取100mg分析纯葡萄糖，用少量蒸馏水溶解后，定容至100mL，冰箱

中保存备用。

（四）实验步骤

1. 葡萄糖标准曲线的制作

取9支试管，编号，按表4-1操作。

表4-1 制作葡萄糖标准曲线时各试剂用量

项目	0	1	2	3	4	5	6	7	8
葡萄糖标准液/mL	0	0.2	0.4	0.6	0.8	1.0	1.2	1.4	1.6
相当于葡萄糖的质量/mg	0	0.2	0.4	0.6	0.8	1.0	1.2	1.4	1.6
蒸馏水/mL	2.0	1.8	1.6	1.4	1.2	1.0	0.8	0.6	0.4
DNS试剂/mL	1.5	1.5	1.5	1.5	1.5	1.5	1.5	1.5	1.5
A_{540nm}									

2. 操作步骤

将各管摇匀，同时置于沸水浴中，准确加热5min（必须严格控制反应过程的温度和加热时间），取出后立即用冷水冷却至室温，加蒸馏水21.5mL，混匀。在540nm波长下以0号管为对照，分别测定其余各管吸光度。以葡萄糖质量（单位：mg）为横坐标，光吸收值（A_{540nm}）为纵坐标，绘制含糖量与A_{540nm}的相关标准曲线。

3. 样品中还原糖的提取

准确称取3g食用面粉，放入100mL烧杯中，先用少量蒸馏水调成糊状，然后加入50mL蒸馏水，搅匀，置于50℃恒温水浴中保温20min（保温期间，不断搅拌），使还原糖浸出。过滤或离心，将浸出液（含沉淀）转移到50mL离心管中，于4000r/min下离心5min，沉淀可用20mL蒸馏水洗一次，再离心或过滤，将两次离心的上清液或滤液收集在100mL容量瓶中，用蒸馏水定容至刻度，混匀，作为还原糖待测液。

4. 样品中还原糖含量测定

取4支试管，按表4-2操作

表4-2 测定样品含糖量时各试剂用量 单位：mL

试剂	0	1	2	3
还原糖待测液	0	1	1	1
蒸馏水	2.0	1	1	1
DNS试剂	1.5	1.5	1.5	1.5
A_{540nm}				

注：样品溶液显色后若颜色很深，其吸光度超过标准曲线浓度范围，应将样品提取液稀释后再测定。

加完试剂后，其余操作与制作标准曲线相同。测定后，利用样品的 A_{540nm} 平均值在标准曲线上查出相应的还原糖含量。

（五）实验结果

用公式(4-1) 计算样品中还原糖含量：

$$还原糖含量=\frac{还原糖质量(mg)\times样品稀释倍数\times\dfrac{提取液总体积}{测定时取用体积}}{样品质量(mg)}\times100\% \tag{4-1}$$

（六）思考题

1. 在处理样品时，常需要进行固液分离，通常用过滤或离心两种方法，你认为在什么情况下可选过滤，在什么情况下须选离心？

2. 用比色法测定糖含量时，其他杂质是否会影响到测定的结果？

3. 面粉中主要含有何种糖？

实验五　邻甲苯胺法测定血糖

（一）实验目的

掌握血糖的概念，了解血糖测定的意义，掌握邻甲苯胺法测定血糖的原理和方法，学习绘制标准曲线。

（二）实验原理

血糖指血中的葡萄糖，主要来自食物，血糖水平恒定维持在4.5～5.5mmol/L之间，这是进出血液的葡萄糖平衡的结果。血糖水平保持稳定既是糖、脂肪、氨基酸代谢协调的结果，也是肝、肌肉、脂肪组织等各器官组织代谢协调的结果，对维持机体的正常生理功能有重要意义。

血样中的葡萄糖在热的强酸溶液中，脱水生成5-羟甲基-2-呋喃甲醛，后者与邻甲苯胺缩合成蓝色的醛亚胺（Schiff 碱）有色化合物，吸收峰在630nm，颜色深浅与葡萄糖含量成正比，可比色定量测定。其反应式如下：

```
CHOH—CHOH                          HC——CH          CH3               HC——CH            CH3
|     |                  酸△       ‖    ‖         (苯环)-NH2        ‖    ‖
CHOH  CHOH—CHO       ——————→      C    C—CHO    ——————————→       C    C—CH=N—(苯环)
|                        ↘3H2O    / \  /          (邻甲苯胺)        / \  /
HOCH2                       HOCH2  O               ↘H2O       HOCH2  O
    己醛糖                       羟甲基糠醛                         醛亚胺(蓝色)
```

由于邻甲苯胺只与醛糖作用而显色，血糖中的醛糖又是葡萄糖，故此测定法不受血液中其他还原物质的干扰，测定时也无须去除血浆或血清中的蛋白质。此法测出的血糖含量接近真正的葡萄糖含量，血浆或血清中葡萄糖的正常值为0.7～1.0mg/mL。

（三）仪器、材料和试剂

1. 器材/器具

试管及试管架、刻度吸量管、容量瓶、分光光度计、水浴锅

2. 材料

新鲜血液样品（抗凝）

3. 试剂

（1）饱和苯甲酸溶液

称取苯甲酸 2.5g，加入蒸馏水 1000mL，煮沸使之溶解，冷却后盛于试剂瓶中。

（2）葡萄糖贮存液（10.0mg/mL）

称取已干燥的无水葡萄糖 1.0g，以饱和苯甲酸溶液定容至 100mL，2h 以后方可使用。置冰箱中可长期保存。

（3）邻甲苯胺试剂

称硫脲 2.5g 溶于冰乙酸 750mL，将此溶液移入 1000mL 容量瓶内，加邻甲苯胺 150mL、2.4%硼酸溶液 100mL，加冰乙酸定容至 1000mL。此溶液应置于棕色瓶内室温保存，至少可保存 2 个月。新配制试剂应放置 24h 待老化后使用，否则反应产物的吸光度低。

（四）实验步骤

1. 样品制备

新鲜抗凝血液样品：2500r/min 离心 15min，分离血浆备用。

2. 葡萄糖标准液的配制

取 10mL 容量瓶 5 只，分别编号 1、2、3、4、5，依次加入葡萄糖贮存液 0.5mL、1.0mL、2.0mL、3.0mL 及 4.0mL，再以饱和苯甲酸溶液稀释至刻度，混匀，即成葡萄糖标准液，其浓度依次为 0.5mg/mL、1mg/mL、2mg/mL、3mg/mL、4mg/mL。

3. 血糖的测定

各试管按表 5-1 加入试剂，并进行操作。

表 5-1 测定样品血糖时各试剂用量 单位：mL

试剂	空白管	测定管	标准管				
			1	2	3	4	5
蒸馏水	0.1						
葡萄糖标准液			0.1	0.1	0.1	0.1	0.1
血浆		0.1					
邻甲苯胺	5.0	5.0	5.0	5.0	5.0	5.0	5.0
加热	均在沸水浴中加热 5min						
冷却	立即用流动冷水冷却						
光密度/OD_{630}							

将以上各管在分光光度计上进行比色，以空白管校正吸光度零点，读取各管 630 nm 波长的吸光度。以 1、2、3、4、5 管吸光度作纵坐标，葡萄糖含量作横坐

标，绘制出标准曲线。测出测定管光密度值后，在标准曲线上查出待测样品相应的血糖含量。

（五）注意事项

1. 测定液的呈色强度与反应条件有关，邻甲苯胺的批号、邻甲苯胺试剂的新老（如试剂配制后过久，呈色变浅）以及加热温度和加热时间等都会影响显色强度。

2. 最终反应液偶尔会产生混浊，最常见原因是血脂的影响。此时，可向显色液中加入 1.5m L 异丙醇，充分混匀，溶解脂质可消除浊度，所测吸光度乘以 1.5。

（六）思考题

1. 标准曲线是否可长期使用？为什么？
2. 血糖比色测定过程中为什么立即用流动冷水冷却？

糖类习题集

（一）单项选择题

1. 正常生理条件下，人体内的主要能源物质是（　　）
   A. 脂肪　B. 脂肪酸　C. 葡萄糖　D. 蛋白质　E. 氨基酸
2. 糖在动物体内的储存形式（　　）
   A. 糖原　B. 淀粉　C. 葡萄糖　D. 蔗糖　E. 乳糖
3. 关于尿糖，哪项说法是正确的（　　）
   A. 尿糖阳性，血糖一定也升高
   B. 尿糖阳性肯定是由于肾小管重吸收功能障碍
   C. 尿糖阳性一定就是糖代谢紊乱
   D. 尿糖阳性是诊断糖尿病的唯一依据
   E. 以上都不对
4. 饥饿早期维持血糖水平主要靠（　　）
   A. 肝糖原合成　B. 肝糖原分解
   C. 肠道吸收葡萄糖　D. 肌糖原分解
   E. 肌糖原合成
5. 血糖主要指血中所含的（　　）
   A. 葡萄糖　B. 甘露糖
   C. 半乳糖　D. 果糖

E. 蔗糖

6. 在血糖偏低时，大脑仍可摄取葡萄糖而肝脏则不能，其原因是（　　）

A. 胰岛素的作用

B. 己糖激酶的 K_m 高

C. 葡萄糖激酶的 K_m 低

D. 血-脑屏障在低血糖时不起作用

E. 血糖低时，肝糖原自发分解为葡萄糖

7. 血糖调节最重要的器官是（　　）

A. 肌肉　B. 脂肪组织　C. 肾脏　D. 胰腺　E. 肝脏

8. 下述因素中，不能降低血糖的是（　　）

A. 肌糖原合成　B. 肝糖原合成

C. 胰岛素增加　D. 糖异生作用

E. 糖的有氧氧化

（二）多项选择题

1. 血糖的来源包括（　　）

A. 肌糖原分解直接供应　B. 肝糖原分解直接供应

C. 糖异生途径产生　D. 血脂肪动员直接供应

E. 食物中糖消化吸收

2. 关于胰岛素的叙述，正确的是（　　）

A. 促进葡萄糖进入脂肪、肌肉细胞

B. 能同时促进糖原、脂肪、蛋白质的合成

C. 加速糖的有氧氧化

D. 由胰岛 α 细胞分泌

E. 是体内唯一降低血糖的激素

3. 关于胰高血糖素的叙述，正确的是（　　）

A. 当分泌增加，能使血糖升高

B. 增加血氨基酸对其分泌无影响

C. 可激活蛋白激酶，抑制酶原合酶

D. 相应受体在细胞膜上

E. 由胰岛 α 细胞分泌

（三）论述题

叙述血糖的来源和去路，哪些激素在维持血糖浓度上有重要影响？它们是如何调节血糖浓度的？

实验六　脂肪的粗提和定量测定

（一）实验目的

1. 学习和掌握用索氏（Soxhlet）提取器提取脂肪的原理和方法。
2. 学习和掌握用重量分析法对粗脂肪进行定量测定。

（二）实验原理

利用脂质物质溶于有机溶剂的特性。在索氏提取器中用有机溶剂对样品中的脂质物质进行提取。因提取的物质是脂质物质的混合物，故称其为粗脂肪。本实验用石油醚，沸程为30～60℃。本法采用沸点低于60℃的有机溶剂，不能提取出样品中结合状态的脂质，故此法又称为游离脂质定量测定法。

索氏提取器是由提取瓶、提取管、冷凝管三部分组成的（图6-1），提取管两侧分别有虹吸管和连接管。各部分连接处要严密不能漏气。提取时，将待测样品包在脱脂滤纸内，放入提取管。提取瓶内加入石油醚。加热提取瓶，石油醚汽化，由连接管上升进入冷凝管，凝成液体滴入提取管内，浸提样品中的脂质。待提取管内石油醚液面达到一定高度，溶有粗脂肪的石油醚经虹吸管流入提取瓶。流入提取瓶内的石油醚继续被加热汽化、上升、冷凝，滴入提取管内，如此循环往复，直到抽提完全为止。

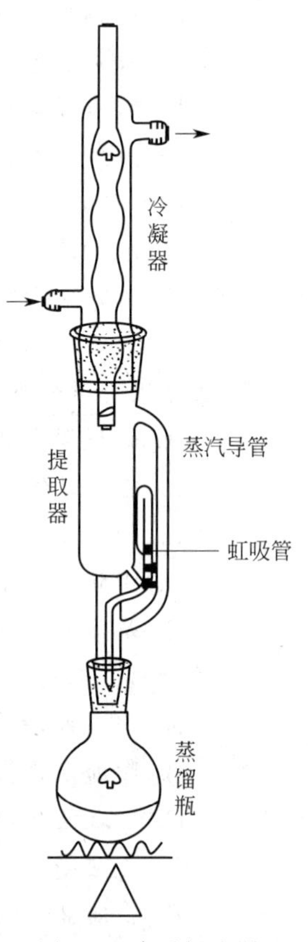

图6-1　索氏提取器

本法为重量法，将由样品抽提出的粗脂肪，蒸去溶剂，干燥，称重，按公式计算，求出样品中粗脂肪的含量。

（三）仪器、材料和试剂

1. 仪器/器具

索氏提取器（50mL）、分析天平、烧杯、烘箱、干燥器、恒温水浴、脱脂滤

纸、脱脂棉、镊子

2. 材料

芝麻种子、石油醚

3. 试剂

（1）芝麻种子样品

将洗净、晾干的芝麻种子放在80～100℃烘箱中烘4h。待冷却后，准确地称取2～4g，置于研钵中研磨，将研碎的样品及擦净研钵的脱脂棉一并用脱脂滤纸包住用丝线扎好，勿让样品漏出。或用特制的滤纸斗装样品后，斗口用脱脂棉塞好。放在索氏提取器的提取管内，最后再用石油醚洗净研钵后倒入提取管内。待测样品若是液体，应将一定体积的样品滴在脱脂棉上，在60～80℃烘箱中烘干后，放入提取管内。

（2）石油醚

化学纯，石油醚沸程30～60℃，故加热时不能用明火。

（四）实验步骤

1. 洗净索氏提取瓶，在150℃烘箱内烘干至恒量，记录质量。将石油醚加至提取瓶容积的1/2～2/3。将样品包放入提取管内。把提取器各部分接好，保持接口处气密性良好。用70～80℃恒温水浴加热提取瓶，抽提进行16h左右，直至提取管内的石油醚用滤纸检验无油迹为止。此时表示提取完成。

2. 提取完毕取出滤纸包，再回馏一次，洗涤提取管。再继续蒸馏，当提取管内的石油醚液面接近虹吸管口而未流入提取瓶时，倒出石油醚。若提取瓶中仍有石油醚，继续蒸馏，直至提取瓶中石油醚蒸馏完全。取下提取瓶，洗净瓶的外壁，放入105℃烘箱中烘干至恒重，记录质量。

按公式(6-1)计算样品中粗脂肪的含量。

$$\text{粗脂肪含量}=\frac{\text{提取后提取瓶的质量(g)}-\text{提取前提取瓶的质量(g)}}{\text{样品质量(g)}}\times 100\% \tag{6-1}$$

（五）思考题

1. 为什么索氏提取法提取的物质是粗脂肪？
2. 做好本实验应该注意哪些事项？
3. 实验过程中安全使用石油醚应注意哪些问题？
4. 写出几种含脂量较高的食物，包括蔬菜、水果、肉类、谷物等。

实验七　脂肪碘值的测定

(一) 实验目的

学习掌握测定脂肪碘值的原理和方法。

(二) 实验原理

碘值（价）是指100g脂肪在一定条件下吸收碘的质量（单位：g）。碘值是鉴别脂肪的一个重要常数，可以判断脂肪所含脂肪酸的不饱和程度。

碘值高低能表示脂肪不饱和程度大小的原因是：脂肪中常含有不饱和脂肪酸，不饱和脂肪酸含有双键，能与卤素起加成作用而吸收卤素，由于氟和氯与油脂作用剧烈，除能起加成作用外还能取代氢原子，而碘在一定条件下主要与双键起加成作用。脂肪的不饱和程度越高，所含的不饱和脂肪酸越多，碘值就越高。故可用碘值表示脂肪的不饱和程度。

由于碘与不饱和脂肪酸中双键加成较慢，所以测定时常用氯化碘（ICl）或溴化碘（IBr）代替碘。其中的氯原子或溴原子能使碘活化。本实验采用的是溴化碘（Hanus试剂）。用过量溴化碘和待测脂肪作用后，用硫代硫酸钠滴定的方法测定溴化碘剩余量，根据公式计算出待测脂肪吸收的碘量，求得脂肪的碘值。

具体反应过程如下：

加成作用：$IBr + —CH{=}CH \longrightarrow —CHI—CHBr$

剩余溴化碘中碘的释放：$IBr + KI \longrightarrow KBr + I_2$

用硫代硫酸钠滴定释放出来的碘：$I_2 + 2Na_2S_2O_3 \longrightarrow 2NaI + Na_2S_4O_6$

(三) 仪器、材料和试剂

1. 仪器/器具

碘瓶（250mL）、量筒（10mL、50mL）、滴定管（50mL）、吸量管（5mL、10mL）、滴管、分析天平

2. 材料

花生油或猪油、碘（I_2）、冰醋酸（CH_3COOH）、溴、四氯化碳、碘化钾（KI）、硫代硫酸钠（$Na_2S_2O_3 \cdot 5H_2O$）、碳酸钠（Na_2CO_3）、淀粉、碘酸钾（KIO_3）、硫酸（H_2SO_4）

3. 试剂

(1) 花生油或猪油 30g

(2) Hanus 试剂 2000mL

称取 12.2g 碘溶于 1000mL 冰醋酸中，慢慢加入冰醋酸，边加边摇，在水浴中加热，使碘溶解，冷却，加溴约 3mL。贮于棕色瓶中。本实验所用试剂均需高纯度，如 Hanus 试剂中的冰醋酸，不能含还原剂，冰醋酸与硫酸及重铬酸钾共热不呈绿色时才算合格。

(3) 纯四氯化碳 500mL

(4) 100g/L 碘化钾溶液 1000mL

称取 100g 碘化钾溶于水，稀释至 1000mL。

(5) 0.05mol/L 硫代硫酸钠溶液 5000mL

称取 $Na_2S_2O_3 \cdot 5H_2O$ 25g，溶于新煮沸后冷却的蒸馏水（除去 CO_2，杀死细菌）中，加入 Na_2CO_3 约 0.2g 稀释至 1000mL。用此法配制的硫代硫酸钠溶液比较稳定。贮于棕色瓶中置暗处，一天后进行标定。

(6) 0.05mol/L 标准硫代硫酸钠溶液的标定

称 50g 硫代硫酸钠溶在煮沸后冷却的蒸馏水，加煮过的蒸馏水到 2000mL。用标准 0.0167mol/L 的碘酸钾溶液（0.3567g KIO_3 溶解后定容至 100mL）标定，标定时取 0.0167mol/L KIO_3 溶液 20mL 加 KI 1g 及 3mol/L H_2SO_4 5mL，用所配制的 $Na_2S_2O_3$ 溶液滴定至浅黄色后，加 100g/L 淀粉指示剂 3 滴，使溶液呈蓝色，继续滴定至蓝色消失。计算 $Na_2S_2O_3$ 溶液的滴定体积和准确浓度。

$$5KI + KIO_3 + 3H_2SO_4 \longrightarrow 3K_2SO_4 + 3H_2O + 3I_2$$

$$2Na_2S_2O_3 + I_2 \longrightarrow Na_2S_4O_6 + 2NaI$$

碘酸钾分子中的碘反应后，从正 5 价降到负 1 价，其化学价的变动为 6。碘酸钾的分子量为 214.01，所以碘酸钾在此反应中的氧化还原相为 214.01/6=35.67mol。

$$Na_2S_2O_3\text{溶液物质的量} = \frac{C_{KIO_3} \times V_{KIO_3}}{V_{Na_2S_2O_3}} = \frac{0.1\text{mol} \cdot \text{L}^{-1} \times 20\text{mL}}{V_{Na_2S_2O_3}} = \frac{2 \times 10^{-3}\text{mol}}{V_{Na_2S_2O_3}}$$

式中，$V_{Na_2S_2O_3}$ 为 $Na_2S_2O_3$ 溶液的滴定体积，mL。

(7) 10g/L 淀粉溶液 100mL

(四) 实验步骤

准确称取 0.3～0.4g 花生油或 0.5～0.6g 猪油两份，分别放入干燥洁净的碘瓶内。再向各碘瓶加入 10mL 四氯化碳，轻轻振摇，使样品（油脂）完全溶解。分别准确地向各碘瓶加入 Hanus 试剂 25mL（勿使试剂接触瓶颈），塞好玻璃塞。在塞子和瓶口之间加入数滴 100g/L KI 溶液以封闭瓶口缝隙，防止碘升华逸出。混匀后，置暗处（20～30℃）30min，放置期间，不断摇动碘瓶，然后，小心打开碘瓶的塞子，使加的数滴碘化钾溶液流入瓶内（勿损失）。用 100g/L KI 溶液 10mL 和蒸馏水 50mL 把碘瓶塞和瓶颈上的液体冲入瓶内，混匀。用 0.05mol/L 硫代硫酸钠溶液滴定，至瓶内溶液呈淡黄色后加 10g/L 淀粉溶液约 1mL，继续滴定。当接近滴定终点时（蓝色极淡），加塞用力振荡，使碘由四氯化碳层完全进入水层，再滴至水层与非水层全都无色时为滴定终点。

另外再做两份空白实验（除不加样品外，其他操作同样品实验）。样品和空白应同时加入 Hanus 试剂，因为醋酸膨胀系数较大，温度稍有变化，即影响体积，造成误差。

按公式(7-1) 计算碘值：

$$碘值=\frac{(V_{空}-V_{样})c}{样品质量(g)}\times\frac{126.9}{1000}\times 100 \tag{7-1}$$

式中，$V_{空}$ 为滴定空白所消耗的 $Na_2S_2O_3$ 溶液体积，mL；$V_{样}$ 为滴定样品所消耗的 $Na_2S_2O_3$ 溶液体积，mL；c 为 $Na_2S_2O_3$ 溶液的物质的量浓度。

（五）思考题

1. 何谓碘值？具有什么意义？
2. 加入碘化钾后，碘瓶为何要在暗处放置？
3. 计算碘值的公式中，126.9 和 1000 各代表什么意义？

实验八　脂肪的组成

（一）实验目的

了解脂肪的组成及其有关性质。

（二）实验原理

脂肪即中性脂，是脂肪酸与丙三醇（甘油）所成的酯。一切脂肪都能被酸、碱，蒸汽及脂酶水解，产生甘油和脂肪酸。如果催化剂是碱，则得甘油和脂肪酸的盐类，这种盐类称皂，脂肪的碱水解亦称皂化作用。

$$\begin{matrix} CH_2-O-\overset{O}{\overset{\|}{C}}-R \\ | \\ CH-O-\overset{O}{\overset{\|}{C}}-R' \\ | \\ CH_2-O-\overset{O}{\overset{\|}{C}}-R'' \\ \text{脂肪} \end{matrix} + 3H_2O \xrightarrow[\text{酸、碱、蒸汽}]{\text{酯酶}} \begin{matrix} CH_2-OH \\ | \\ CH-OH \\ | \\ CH_2-OH \\ \text{甘油} \end{matrix} + \begin{matrix} R-COOH \\ \\ R'-COOH \\ \\ R''-COOH \\ \text{脂肪酸} \end{matrix}$$

$$\begin{matrix} CH_2-O-\overset{O}{\overset{\|}{C}}-R \\ | \\ CH-O-\overset{O}{\overset{\|}{C}}-R' \\ | \\ CH_2-O-\overset{O}{\overset{\|}{C}}-R'' \\ \text{脂肪} \end{matrix} + 3NaOH \longrightarrow \begin{matrix} CH_2-OH \\ | \\ CH-OH \\ | \\ CH_2-OH \\ \text{甘油} \end{matrix} + \begin{matrix} R-COONa \\ \\ R'-COONa \\ \\ R''-COONa \\ \text{皂} \end{matrix}$$

皂用酸水解即得脂肪酸，脂肪酸不溶于水而溶于脂溶剂，呈酸性。甘油脱水即成丙烯醛，具有特殊臭味，可辨别。

（三）仪器、材料和试剂

1. 仪器/器具

烧瓶 250mL、量筒（250mL、100mL、10mL）、试管 1.5cm ×18cm、蒸发皿 100mL、水浴锅、电炉、冷凝管、橡皮管、烘箱（200℃）

2. 材料

猪油或其他脂肪、95%乙醇、浓盐酸、乙醚、苯、氯化钙、甘油

3. 试剂

40%NaOH 溶液：称取 40g NaOH，置 250mL 烧杯中，逐渐加入 100mL 蒸馏

水，搅拌使其溶解。

（四）实验步骤

1. 水解

称取约 2.5g 脂肪置于 500mL 烧瓶中，加入 95%乙醇 250mL，40%氢氧化钠溶液 5mL，烧瓶口接一冷凝管，置沸水浴中回流 0.5～1h。然后蒸去乙醇，至所剩溶液约为 5mL 时，加入 75mL 热水，使浓缩液溶解。

2. 脂肪酸与甘油的分离

将上述溶液，加浓盐酸（5～6mL）使呈酸性（以石蕊试纸试之），加热，至能清楚见到脂肪酸呈油状浮于上层时，用分液漏斗将下层水溶液分开（此水溶液须保留，供后续实验使用）。用热水重复洗涤脂肪酸三次，每次用热水约 100mL，以除去混杂于脂肪酸中的无机盐、甘油及剩余盐酸等。然后移入试管中，静置澄清，上清液即为脂肪酸。

3. 脂肪酸溶解度试验

将脂肪酸用滴管吸出，注入另一试管中，置烘箱（90～95℃）内干燥，试验脂肪酸在水、乙醚和苯中的溶解度。

4. 甘油的提取

将分离脂肪酸时所保留的水层，置蒸发皿中于蒸汽浴上蒸干，加入少量乙醇（5～10mL），再蒸干，残留物大部分为氯化钠及少量甘油，用 35mL 乙醇，分 3 次提取并略加热以助提取完全，合并 3 次所得提取液，置蒸发皿内，在水浴上蒸发至浆状。

5. 甘油的丙烯醛试验

取上述浆状物少许，置于试管内，加入少量氯化钙或硫酸氢钾，小心加热，放出的特殊臭味，与厨房中过度煎熬脂肪的气味相似。另以数滴纯甘油按同法操作，比较其结果。

（五）注意事项

1. 可用硫酸钾、硼酸、三氯化铝代替硫酸氢钾，效果相同。

2. 不加脱水剂情况下，纯甘油加热到 280℃也会分解产生丙烯醛。

（1）乙醇中如含有乙醛，遇碱即成黄色树脂类化合物，如颜色较深，可用无醛乙醇。无醛乙醇的制法是：1.5g $AgNO_3$ 溶于 3mL 水中，加入 1000mL 乙醇，混匀；另 3g KOH 溶于 15mL 热乙醇中，冷后倒入上述硝酸银-乙醇溶液中，再混匀，静置，使氧化银沉淀完全，虹吸取出上清液，蒸馏即得。

（2）冷却后瓶内液体无油滴，即皂化完成。

（3）如因脂肪酸熔点较低而凝固，可保温澄清。

（4）甘油脱水成丙烯醛反应如下：

$$
\begin{array}{l}
\mathrm{CH_2OH} \\
| \\
\mathrm{CH{-}OH} \\
| \\
\mathrm{CH_2OH}
\end{array}
\xrightarrow[\text{加热}]{\mathrm{CaCl_2}}
\begin{array}{l}
\mathrm{CHO} \\
| \\
\mathrm{CH} \\
\| \\
\mathrm{CH_2}
\end{array}
+2H_2O
$$

甘油　　　　丙烯醛

用 $KHSO_4$ 作脱水剂时，如加热过猛，$KHSO_4$ 还原为 SO_2，其气味易误认为丙烯醛，故加热时应小心。

(六) 思考题

高温熬制的动物油脂和未精炼的植物油哪种所含的游离脂肪酸较多?

实验九　卵磷脂的提取和鉴定

(一) 实验目的

了解用乙醇作为溶剂提取卵磷脂的原理和方法。

(二) 实验原理

卵磷脂在脑、神经组织、肝、肾上腺和红细胞中含量较多，蛋黄中含量特别多。卵磷脂易溶于醇、乙醚等脂溶剂，可利用这些脂溶剂提取。

新提取得到的卵磷脂为白色蜡状物，与空气接触后因所含不饱和脂肪酸被氧化而呈黄褐色。卵磷脂中的胆碱基在碱性溶液中可分解成三甲胺，三甲胺有特殊的鱼腥臭味，可鉴别。

(三) 仪器、材料和试剂

1. 仪器/器具

烧杯 50mL、量筒 50mL、蒸发皿、试管 15mL、吸管 2mL、电子天平

2. 材料

鸡蛋黄

3. 试剂

95%乙醇、10%氢氧化钠溶液

(四) 实验步骤

1. 提取

于小烧杯内置蛋黄约 2g，加入热 95%乙醇 15mL，边加边搅拌，冷却，过滤，将滤液置于蒸发皿内，蒸汽浴上蒸干，残留物即为卵磷脂。

2. 鉴定

取卵磷脂少许，置于试管内，加 10% NaOH 溶液约 2mL，水浴加热，观察是否产生鱼腥味。

(五) 注意事项

1. 卵磷脂粗品因被氧化或因色素的存在而颜色较深，可用丙酮进一步提纯。

2. 若滤液不清，需重滤，直至透明为止。

(六) 思考题

1. 卵磷脂提取过程中，加入热95%乙醇的作用是什么？
2. 卵磷脂的生物学功能有哪些？

实验十
血清胆固醇的定量测定（醋酸酐法）

(一) 实验目的

了解并掌握胆固醇定量测定的醋酸酐法。

(二) 实验原理

血清总胆固醇测定对高脂血症的诊断、冠心病和动脉粥样硬化的防治均有重要意义。血清总胆固醇升高常见于原发性高胆固醇血症、肾病综合征、甲状腺机能减退、糖尿病等。

胆固醇的测定临床常用的比色法有两类。

1. 胆固醇的氯仿或醋酸溶液中加入醋酐-硫酸试剂，产生蓝绿色。

2. 胆固醇的醋酸、乙醇或异丙醇溶液中加入高铁-硫酸试剂产生紫红色。

由于胆固醇颜色反应特异性差，直接测定往往受血液中其他因素干扰，所以精细的方法是先经抽提、分离及纯化等步骤，然后显色定量。

本实验采用醋酐-硫酸单一试剂显色法。本法测定 100mL 血清总胆固醇的正常值为 125～200mg。

醋酐能使胆固醇脱水，再与硫酸结合生成绿色化合物，反应如下：

胆固醇 + 醋酐（$(CH_3CO)_2O$）→ 脱水胆固醇 + $2CH_3COOH$（醋酸）

脱水胆固醇 $\xrightarrow{H_2SO_4}$ 绿色化合物(620nm 比色测定)

(三) 仪器、材料和试剂

1. 仪器/器具

烧杯 100mL、试管 15mL、电子分析天平、移液器（1mL 和 5mL）、容量瓶

100mL、紫外可见分光光度计

2. 材料

人血清、胆固醇、无水乙醇、硫脲、冰醋酸、醋酐、浓硫酸

3. 试剂

（1）胆固醇标准液（2mg/mL）：准确称取干燥胆固醇200mg，先用少量无水乙醇溶解，完全转移到100mL容量瓶中，再用无水乙醇稀释至刻度。

（2）硫脲显色剂：称取硫脲0.5g，溶解于350mL冰醋酸及650mL醋酐配制而成的混合液中，此溶液放置冰箱内可长期保存。

使用液系于上述每100mL硫脲溶液中逐滴加入浓硫酸10mL，边加边摇，防止溶液过热。冷却后放置冰箱中，可保存半个月以上。溶液发黄后不能使用。

（四）实验步骤

取干燥试管3支，分别标明“空白管”“测定管”及“标准管”，按表10-1进行操作。

表10-1　醋酸酐法定量测定胆固醇操作表　　单位：mL

试剂	空白管	标准管	测定管
无水乙醇	0.1		
胆固醇标准液		0.1	
血清液			0.1
硫脲显色剂	4.0	4.0	4.0

快速加入显色剂，立即混匀，于37℃水浴中保温10min，取出后，立即以显色剂作为空白调零点，在620nm波长处进行比色。

（五）实验结果

$$m=\frac{A_1c_0}{A_0}\times 100 \tag{10-1}$$

式中　m——100mL血清中胆固醇的质量，mg；

A_1——样品液的吸光度；

A_0——标准液的吸光度；

c_0——标准液胆固醇的质量浓度，即2mg/mL；

100——100mL血清。

（六）注意事项

1. 长时间放置的醋酸酐遇空气中的水，易分解成醋酸，在使用前须重新蒸馏，收集139～140℃馏分。

2. 硫脲显色剂需分两步配制，首先硫脲固体加冰醋酸和醋酸酐配制成混合贮存液，可放置冰箱长期保存。使用时再按比例加浓硫酸成硫脲显色剂。切记：贮存液不能直接使用。

3. 在显色后不宜曝于强光下，因强光可使溶液褪色而影响测定结果。所用各种反应试剂及玻璃器皿均须干燥无水。

（七）思考题

醋酸酐法测定血清中的胆固醇含量，对血清有无特殊要求？应如何解决？

脂类习题集

（一）单项选择题

1. 下列物质在体内彻底氧化后，每克释放能量最多的是（　　）

A. 葡萄糖　B. 糖原　C. 脂肪　D. 胆固醇　E. 蛋白质

2. 严重饥饿时脑组织的能量主要来源于（　　）

A. 糖的氧化　B. 脂肪酸氧化
C. 氨基酸氧化　D. 乳酸氧化
E. 酮体氧化

3. 饥饿时肝脏酮体生成增加，为防止酮症酸中毒的发生应主要补充哪种物质（　　）

A. 葡萄糖　B. 亮氨酸
C. 苯丙氨酸　D. ATP
E. 必需脂肪酸

4. 脂肪酸合成能力最强的器官是（　　）

A. 脂肪组织　B. 乳腺
C. 肝　D. 肾
E. 脑

5. 生物膜中含量最多的脂类是（　　）

A. 胆固醇　B. 胆固醇酯
C. 甘油磷脂　D. 糖脂
E. 鞘磷脂

6. 卵磷脂由以下哪些成分组成（　　）

A. 脂肪酸、甘油、磷酸
B. 脂肪酸、甘油、磷酸、乙醇胺

C. 脂肪酸、甘油、磷酸、胆碱

D. 脂肪酸、甘油、磷酸、丝氨酸

E. 甘油、胆碱

7. 肝细胞内脂肪合成后的主要去路是（　　）

A. 被肝细胞氧化分解而使肝细胞获得能量

B. 在肝细胞内水解

C. 在肝细胞内合成极低密度脂蛋白（VLDL）并分泌入血

D. 在肝内贮存

E. 转变为其他物质

8. 体内合成卵磷脂时不需要（　　）

A. ATP与CTP　　B. $NADPH+H^+$

C. 甘油二酯　　D. 丝氨酸

E. S-腺苷蛋氨酸

9. 胆固醇在体内不能转化生成（　　）

A. 胆汁酸　　B. 肾上腺素皮质素

C. 胆色素　　D. 性激素

E. 维生素D_3

（二）多项选择题

1. 严重糖尿病患者的代谢特点是（　　）

A. 糖异生作用加速　　B. 胆固醇合成减少

C. 脂解作用增强　　D. 酮体生成增多

E. 糖原合成加强

2. 脂解激素是（　　）

A. 肾上腺素　　B. 胰高血糖素

C. 胰岛素　　D. 促甲状腺素

E. 甲状腺素

3. 必需脂肪酸包括（　　）

A. 油酸　　B. 软油酸

C. 亚油酸　　D. 亚麻酸

E. 花生四烯酸

4. 脂肪肝形成的原因有（　　）

A. 营养不良　　B. 必需脂肪酸缺乏

C. 胆碱缺乏　　D. 蛋白质缺乏

E. 胆汁酸缺乏

（三）简答题

超速离心法可将血浆脂蛋白分为几种，每种脂蛋白的主要功能是什么？

实验十一
蛋白质的性质实验——蛋白质及氨基酸的呈色反应

实验目的

1. 了解构成蛋白质的基本结构单位及主要连接方式。
2. 了解蛋白质和某些氨基酸的呈色反应原理。
3. 学习几种常用的鉴定蛋白质和氨基酸的方法。

一、双缩脲反应

（一）实验原理

尿素加热至180℃左右，生成双缩脲并放出氨气。双缩脲在碱性环境中能与Cu^{2+}结合生成紫红色化合物，此反应称为双缩脲反应。蛋白质分子中有肽键，其结构与双缩脲相似，也能发生此反应。可用于蛋白质的定性或定量测定。

反应式如下所示：

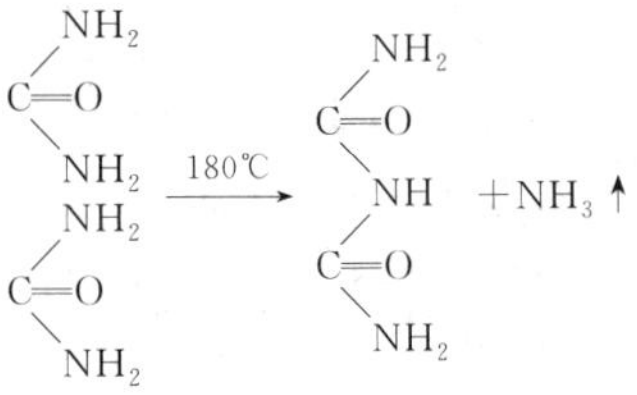

$$2\ H_2N-CO-NH_2 \xrightarrow{180℃} H_2N-CO-NH-CO-NH_2 + NH_3\uparrow$$

NH2
C=O
NH2
180℃
NH2
C=O
NH2

NH2
C=O
NH
C=O
NH2
+NH3↑

双缩脲

$$H_2N-CO-NH-CO-NH_2 \xrightarrow[OH^-]{Cu^{2+}} [\text{Cu 配合物}]^{2-}$$

NH2
C=O
NH
C=O
NH2
Cu2+
OH−

O− H　H O
C=N　N—C
HN　Cu　NH
C—N　N=C
O H　H O−
2−

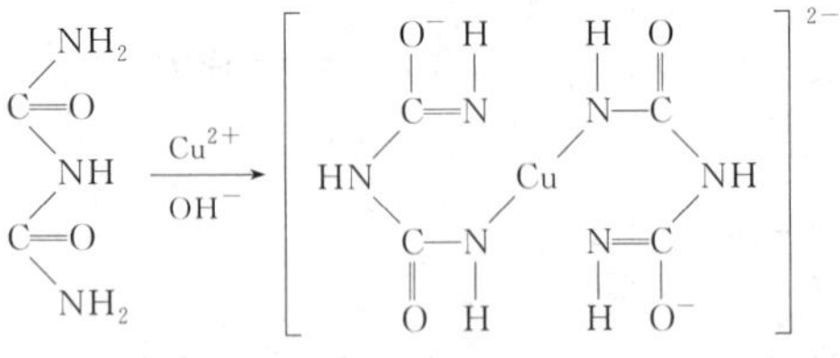

紫红色化合物

双缩脲反应不仅为含有两个以上肽键的物质所有，含有一个肽键和一个$—CS—NH_2$、$—CH_2—NH_2$、$—CRH—NH_2$、$—CH_2—NH_2—CHNH_2—CH_2OH$或$—CHOHCH_2NH_2$等基团的物质以及乙二酰二胺（$O{=}C(NH_2)—C(NH_2){=}O$）等物质也有此反应。NH_3干扰此反应，因为NH_3与Cu^{2+}可生成暗蓝色的络离子$Cu(NH_3)_4^{2+}$。因此，一切蛋白质或二肽以上的多肽都有双缩脲反应，但有双缩脲反应的物质不一定都是蛋白质或多肽。

（二）仪器、材料与试剂

1. 仪器/器具

吸头、试管

2. 材料

尿素［$CO(NH_2)_2$］、氢氧化钠（NaOH）、硫酸铜（$CuSO_4$）、卵清蛋白

3. 试剂

（1）尿素 10g

（2）100g/L 氢氧化钠溶液 250mL

（3）10g/L 硫酸铜溶液 60mL

（4）20g/L 卵清蛋白溶液 80mL

（三）实验步骤

取少量尿素结晶，放在干燥试管中。用微火加热使尿素熔化。熔化的尿素开始硬化时，停止加热，尿素放出氨，形成双缩脲。冷却后，加 100g/L 氢氧化钠溶液约 1mL，振荡混匀，再加 10g/L 硫酸铜溶液 2～5 滴，再振荡。观察出现粉红色。要避免添加过量硫酸铜，否则，生成的蓝色氢氧化铜能掩盖粉红色。向另一试管加 20g/L 卵清蛋白溶液约 1mL 和 100g/L 氢氧化钠溶液约 2mL，摇匀，再加 10g/L 硫酸铜溶液 2 滴，随加随摇，观察紫玫瑰色的出现。

（四）实验结果

根据不同检测反应呈现的颜色状况（图 11-1），试完成表 11-1。

表 11-1　双缩脲反应现象

试剂	现象	解释现象
尿素结晶		
卵清蛋白溶液		

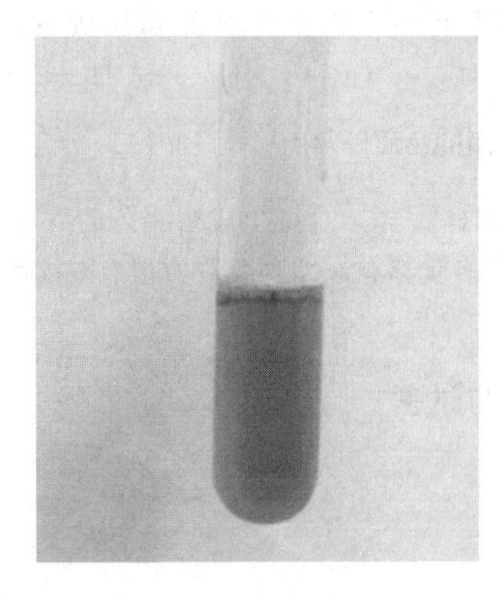

图 11-1　卵清蛋白溶液双缩脲反应结果（彩图）

二、茚三酮反应

（一）实验原理

α-氨基酸及蛋白质和茚三酮反应生成蓝紫色物质（脯氨酸、羟脯氨酸和茚三酮反应产生黄色物质除外）。β-丙氨酸、氨和许多一级胺都呈正反应。尿素、马尿酸、二酮吡嗪和肽键上的亚氨基不呈现此反应。因此，虽然蛋白质和氨基酸均有茚三酮反应，但能与茚三酮呈阳性反应的不一定就是蛋白质或氨基酸。在定性、定量测定中，应严防干扰物存在。该反应十分灵敏，1∶1500000 浓度的氨基酸水溶液即能发生反应，是一种常用的氨基酸定量测定方法。茚三酮反应分为两步，第一步是氨基酸被氧化形成 CO_2、NH_3 和醛，水合茚三酮被还原成还原型茚三酮；第二步是所形成的还原型茚三酮同另一个水合茚三酮分子和氨缩合生成有色物质。反应机理如下：

$$\text{水合茚三酮} + H_2N-\underset{R}{\overset{H}{C}}-COOH \longrightarrow \text{还原型茚三酮} + NH_3 + CO_2 + R-CHO$$

还原型茚三酮

$$\text{还原型茚三酮} + NH_3 + \text{水合茚三酮} \longrightarrow \text{蓝紫色物质} + 3H_2O$$

蓝紫色

此反应的适宜 pH 值为 5～7，同一浓度的蛋白质或氨基酸在不同 pH 条件下的颜色深浅不同，酸度过大时甚至不显色。

（二）仪器、材料与试剂

1. 仪器/器具

试管、吸头、滤纸

2. 材料

样品蛋白质、乙醇（CH_3CH_2OH）、甘氨酸、卵清蛋白、新鲜鸡蛋清、甘氨酸、茚三酮

3. 试剂

（1）蛋白质溶液 100mL 20g/L 卵清蛋白或新鲜鸡蛋清溶液（蛋清∶水=1∶9）

（2）5g/L 甘氨酸溶液 80mL

（3）1g/L 茚三酮水溶液 50mL

（4）1g/L 茚三酮-乙醇溶液 20mL

（三）实验步骤

1. 取 2 支试管分别加入蛋白质溶液和甘氨酸溶液 1mL，再各加入 0.5mL 1g/L 茚三酮水溶液，混匀，在沸水浴中加热 1～2min，观察颜色由粉红色变紫红色再变蓝。

2. 在一小块滤纸上滴一滴 5g/L 甘氨酸溶液，风干后，再在原处滴一滴 1g/L 茚三酮水溶液，在微火旁烘干显色，观察紫红色斑点的出现。

（四）实验结果

根据不同检测反应呈现的颜色状况（图 11-2～图 11-4），试完成表 11-2。

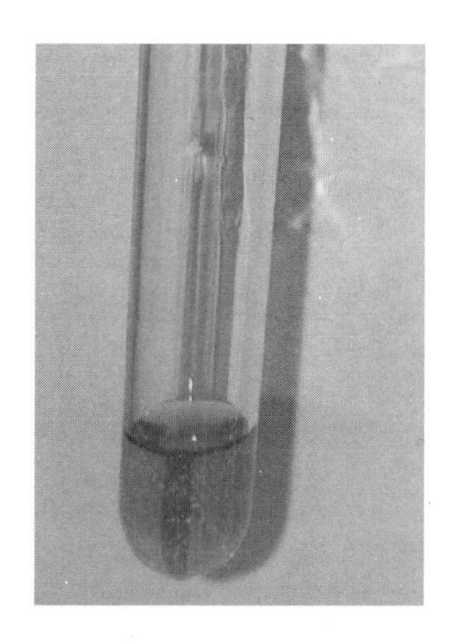

图 11-2　蛋白质溶液的茚三酮反应结果（彩图）

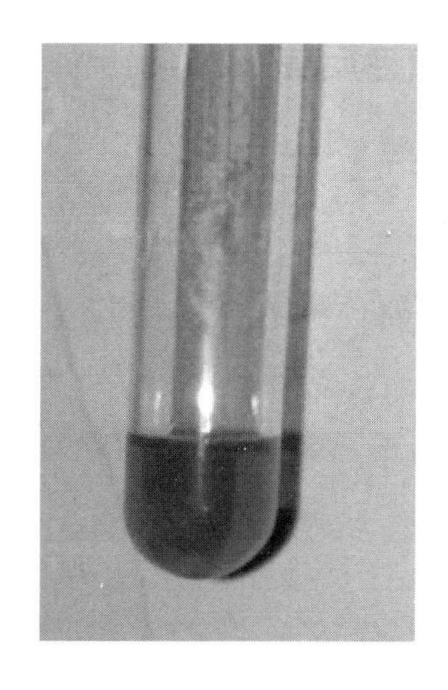

图 11-3　甘氨酸溶液的茚三酮反应结果（彩图）

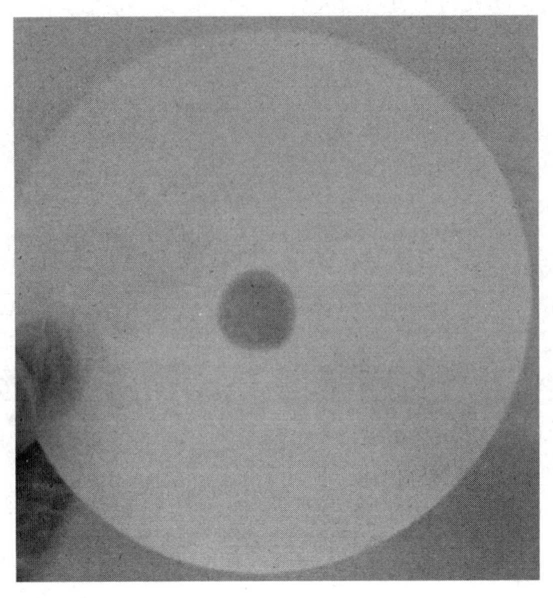

图 11-4　甘氨酸溶液的茚三酮反应结果（滤纸）（彩图）

图 11-2　茚三酮反应现象

项目	现象	解释现象
蛋白质溶液		
甘氨酸溶液		
滤纸		

三、黄色反应

（一）实验原理

含有苯环结构的氨基酸，如酪氨酸和色氨酸，遇硝酸后可被硝化成黄色物质，该化合物在碱性溶液中进一步形成橙黄色的邻硝醌酸钠。反应式如下：

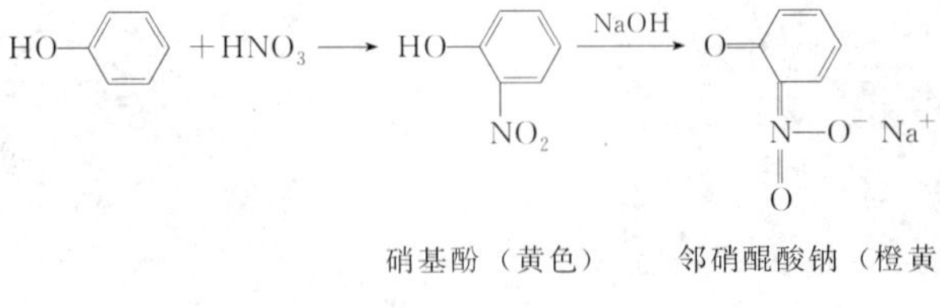

$$HO-C_6H_5 + HNO_3 \longrightarrow HO-C_6H_4-NO_2 \xrightarrow{NaOH} O=C_6H_4=N(=O)-O^- \ Na^+$$

硝基酚（黄色）　　邻硝醌酸钠（橙黄色）

多数蛋白质分子含有带苯环的氨基酸，所以有黄色反应，苯丙氨酸不易硝化，需加入少量浓硫酸才有黄色反应。

（二）仪器、材料与试剂

1. 仪器/器具

纱布、陶瓷研钵、试管、吸头

2. 材料

新鲜鸡蛋、大豆、头发、指甲、苯酚、浓硝酸（HNO_3）、色氨酸、酪氨酸、氢氧化钠（NaOH）

3. 试剂

（1）鸡蛋清溶液 100mL

将新鲜鸡蛋的蛋清与水按 1∶20 混匀，然后用 6 层纱布过滤。

（2）大豆提取液 100mL

将大豆浸泡充分吸胀后研磨成浆状再用纱布过滤。

（3）5g/L 苯酚溶液 50mL

（4）浓硝酸 200mL

（5）3g/L 色氨酸溶液 10mL

（6）3g/L 酪氨酸溶液 10mL

（7）100g/L 氢氧化钠溶液 100mL

（三）实验步骤

向 7 个试管中分别按表 11-3 加入试剂，观察各管出现的现象，有的试管反应慢可略放置或用微火加热。待各管出现黄色后，于室温下逐滴加入 100g/L 氢氧化钠溶液至碱性，观察颜色变化。

表 11-3　各试剂用量

管号	1	2	3	4	5	6	7
材料/滴	鸡蛋清溶液 4	大豆提取液 4	指甲少许	头发少许	5g/L 苯酚 4	3g/L 色氨酸 4	3g/L 酪氨酸 4
浓硝酸/滴	2	4	40	40	4	4	4

（四）实验结果

根据不同检测反应呈现的颜色状况，试完成表 11-4。

表 11-4　黄色反应现象

管号	1	2	3	4	5	6	7
现象							
解释现象							

四、考马斯亮蓝反应

（一）实验原理

考马斯亮蓝 G-250 具有红色和蓝色两种色调。在酸性溶液中，其以游离态存在呈棕红色；当它与蛋白质通过疏水作用结合后变为蓝色。它染色灵敏度高，比氨基黑高 3 倍。反应速度快，在 2min 左右达到平衡，在室温 1h 内稳定，在 0.01～1.0mg 蛋白质范围内，蛋白质浓度与 A_{595nm} 值成正比。所以常用来测定蛋白质含量。

（二）仪器、材料与试剂

1. 仪器/器具

滤纸、试管、吸头

2. 材料

新鲜鸡蛋、考马斯亮蓝（G-250）、95%乙醇（CH_3CH_2OH）、磷酸（H_3PO_4）

3. 试剂

（1）蛋白质溶液（鸡蛋清：水＝1：20）5mL

（2）考马斯亮蓝染液 300mL

考马斯亮蓝 G-250 100mg 溶于 50mL 95%乙醇中，加 100mL 浓磷酸混匀，配成原液。临用前取原液 15mL，加蒸馏水至 100mL，用粗滤纸过滤后，最终浓度为 0.1g/L。

（三）实验步骤

取 2 支试管，按表 11-5 操作。

表 11-5　各试剂用量　　单位：mL

管号	蛋白质溶液	蒸馏水	考马斯亮蓝染液
1	0	1	5
2	0.5	0.5	5

（四）实验结果

根据不同检测反应呈现的颜色状况，试完成表 11-6。

表 11-6　考马斯亮蓝反应现象

管 号	现 象	解释现象
1		
2		

（五）思考题

1. 双缩脲反应、茚三酮反应、黄色反应与考马斯亮蓝反应的基本原理各是什么？其中，每一种呈色反应适用的对象是什么？各有什么不同？检测的灵敏度如何？

2. 在双缩脲反应中，如果加入过量的硫酸铜试剂，会对实验结果造成什么影响？

3. 茚三酮呈色反应能否用来检测微量氨基酸的存在？为什么？它的呈色效果有几种？各是什么？

4. 茚三酮呈色反应检测蛋白质溶液和甘氨酸溶液时，颜色深浅度有何差异？为什么？

5. 黄色反应在检测苯丙氨酸或含有较多苯丙氨酸的蛋白质时需采取什么措施？

6. 考马斯亮蓝反应的检测范围一般是多少？在此范围内，使用的检测波长为多少？

7. 试举出以上方法的实际应用例子。

8. 除了以上几种代表性的蛋白质和氨基酸呈色反应方法外，你还能否举出更多其他的呈色反应或检测方法？

实验十二
蛋白质等电点的测定和蛋白质的沉淀反应

一、蛋白质等电点的测定

（一）实验目的

1. 了解蛋白质的两性解离性质。
2. 学习测定蛋白质等电点的一种方法。

（二）实验原理

蛋白质由氨基酸组成，蛋白质分子除两端的氨基和羧基可解离外，氨基酸残基侧链中某些基团，在一定的溶液 pH 条件下都可解离成带负电荷或正电荷的基团，因此蛋白质是两性电解质。也可以把蛋白质看作是一个多价离子，其所带电荷的性质和数量由蛋白质分子中可解离基团的解离性质与溶液的 pH 所决定。

对某一种蛋白质来说，当溶液的 pH 达到一定数值时，该蛋白质所带有的正电荷与负电荷的数目相等，即净电荷为零，此时溶液的 pH 称为该蛋白质的等电点(Isoelectric point，pI)。当溶液的 pH 大于蛋白质的 pI 时，蛋白质带负电荷，pH 与 pI 之间的差距越大，蛋白质所带的负电荷越多；当溶液的 pH 小于蛋白质的 pI 时，蛋白质带正电荷，pH 与 pI 之间的差距越大，蛋白质所带的正电荷越多。

每种蛋白质具有特定的等电点。在等电点时，蛋白质具有一些特殊的理化性质，例如在电场中保持静止状态，既不向阴极移动，也不向阳极移动，蛋白质胶体溶液的稳定性最差，蛋白质溶解度最低，易聚集沉淀等，可利用这些性质测定蛋白质的等电点。最简单实用的方法是测蛋白质溶解度最低时的溶液 pH，作为该蛋白质的等电点。该方法的优点是操作简便，缺点是当 pH 在小范围内变化时，蛋白质沉淀程度的差异难以用肉眼观测出来，实验误差较大。

$$\mathrm{Pr}\begin{matrix}\diagup NH_3^+\\ \diagdown COOH\end{matrix} \underset{+H^+}{\overset{+OH^-}{\rightleftharpoons}} \mathrm{Pr}\begin{matrix}\diagup NH_3^+\\ \diagdown COO^-\end{matrix} \underset{+H^+}{\overset{+OH^-}{\rightleftharpoons}} \mathrm{Pr}\begin{matrix}\diagup NH_2\\ \diagdown COO^-\end{matrix}$$

pH<pI	pH=pI	pH>pI
阳离子	兼性离子	阴离子

本实验通过观察在不同 pH 值溶液中酪蛋白的沉淀情况，以测定酪蛋白的等电点。用醋酸与醋酸钠（醋酸钠混合在酪蛋白溶液中）配制成各种具有不同 pH 值的缓冲液。向各缓冲液中加入酪蛋白，观察沉淀情况，沉淀出现最多的缓冲液的 pH 值即为酪蛋白的等电点。

（三）仪器、材料与试剂

1. 仪器/器具

恒温水浴、天平、pH 计（选用）、100mL 容量瓶、吸管、试管、试管架、研钵、温度计、量筒、200mL 锥形瓶、微量移液器与吸头（或其他替代器具）

2. 材料

酪蛋白、醋酸钠（CH_3COONa）、醋酸（CH_3COOH）

3. 试剂

（1）4g/L 酪蛋白醋酸钠溶液 100mL

取 0.4g 酪蛋白，加少量水在研钵中仔细地研磨，将所得的蛋白质悬胶液移入 200mL 锥形瓶内，用少量 40～50℃ 的温水洗涤研钵，将洗涤液移入锥形瓶内。锥形瓶中加入 1mol/L 醋酸钠溶液 10mL，并置于 50℃ 水浴中，小心地晃动锥形瓶，直到酪蛋白完全溶解为止。将锥形瓶内的溶液全部移至 100mL 容量瓶内，用少量温水洗涤锥形瓶，移入容量瓶中，加水至容量瓶刻度处，塞紧玻璃塞并混匀。

（2）1.00mol/L 醋酸溶液 100mL

（3）0.10mol /L 醋酸溶液 100mL

（4）0.01mol/L 醋酸溶液 50mL

（四）实验步骤与结果

1. 取同样规格的试管 7 支，编号后按表 12-1 顺序分别精确地加入各试剂，振荡混匀。注意：在测定等电点的实验中，要求各种试剂的浓度和加入量相当准确。

表 12-1 各试剂用量 单位：mL

管号	蒸馏水	0.01mol/L 醋酸	0.1mol/L 醋酸	1.0mol/L 醋酸
1	7.4	—	—	1.6
2	8.3	—	—	0.7
3	6.2	—	2.8	—
4	8.0	—	1.0	—
5	8.6	—	0.4	—
6	7.2	1.8	—	—
7	8.4	0.6	—	—

2. 向以上试管中各加入 4g/L 酪蛋白醋酸钠溶液 1mL，立即摇匀。此时 1、2、3、4、5、6、7 管中蛋白质溶液的 pH 值依次为 3.5、3.9、4.3、4.7、5.1、5.5 和 5.9（可用 pH 计进行验证）。观察各试管中液体的混浊度并做记录，混浊度可用“＋、＋＋、＋＋＋”等表示。静置 10min 后，再次观察其混浊度及试管底部出现沉淀的数量。

（五）实验结果

根据实验结果填写表 12-2，并根据混浊度的变化情况判断酪蛋白的等电点。开始混匀后混浊度最高、静置后沉淀最多的试管中溶液的 pH 值即为酪蛋白的等电点。

表 12-2　蛋白质等电点测定的实验结果

管号	pH 值	混浊度	静置后混浊度与沉淀情况	解释现象
1				
2				
3				
4				
5				
6				
7				

二、蛋白质的沉淀与变性

（一）实验目的

1. 加深对蛋白质胶体溶液稳定因素的认识。
2. 了解使蛋白质沉淀的几种方法及其实践意义。
3. 了解蛋白质变性与沉淀的关系。

（二）实验原理

在水溶液中，球状蛋白质的疏水基团借疏水作用聚合在分子内部，而亲水基团则分布于表面，与周围水分子结合形成水化层（Hydration layer），同时蛋白质表面的可解离基团带有相同的净电荷，与其周围的反离子构成稳定的双电层（Electric double layer）。蛋白质溶液由于具有水化层和双电层两方面的稳定因素，所以成为稳定的胶体系统。

蛋白质在溶液中的稳定性受到外界因素的影响，任何影响蛋白质的带电特性和水化作用的因素都会影响蛋白质溶液的稳定性。在适当的条件下，蛋白质分子就会因失去电荷和脱水而从溶液中沉淀出来。

蛋白质的沉淀可分为两类：

1. 可逆沉淀：在温和条件下，改变溶液的 pH 值或盐浓度等，使蛋白质从胶体溶液中沉淀出来。在沉淀过程中，蛋白质的结构和性质都没有发生显著变化，在适当的条件下，蛋白质可以重新溶解形成溶液，所以这种沉淀又称为非变性沉淀。可逆沉淀是分离纯化蛋白质的基本方法，如等电点沉淀法、盐析法（Salting out）等，在低温下使用有机溶剂（如乙醇或丙酮）短时间作用于蛋白质也可以使蛋白质发生可逆沉淀。

中性盐（硫酸铵、硫酸钠、氯化钠等）的浓溶液使蛋白质沉淀析出的作用称为盐析，其原理是高浓度的盐能破坏水化层并中和电荷，从而使蛋白质聚集。使不同蛋白质析出的盐浓度不同，如球蛋白可在半饱和硫酸铵溶液中析出，而清蛋白则在饱和硫酸铵溶液中才能析出。由盐析获得的蛋白质沉淀能够再溶解于低盐溶液，称为盐溶，故蛋白质的盐析作用是可逆过程。

2. 不可逆沉淀：在强烈沉淀条件下，蛋白质胶体溶液的稳定性被破坏，使蛋白质沉淀出来。由于这种强烈的沉淀条件同时破坏了蛋白质的结构，产生的蛋白质沉淀不能再重新溶解于水，所以又称为变性沉淀。如加热沉淀、重金属盐沉淀、有机酸沉淀和生物碱沉淀等都属于不可逆沉淀。

蛋白质的变性是指蛋白质在物理（高温、高压）、化学（酸碱、变性剂）作用下，高级结构遭到破坏，其理化性质和生物功能同时发生改变的过程与现象。变性的蛋白质容易相互聚集形成沉淀，但是有些情况下，当维持溶液稳定的条件仍然存在时（如电荷），蛋白质并不沉淀。因此变性蛋白质并不一定都表现为沉淀，而沉淀的蛋白质也未必都已变性。

（三）仪器、材料与试剂

1. 仪器/器具

天平、玻璃漏斗、量筒、滤纸、吸管、试管与试管架、微量移液器与吸头（或其他替代器具）

2. 材料

卵清蛋白（或鸡蛋清）、醋酸钠（CH_3COONa）、醋酸（CH_3COOH）、硝酸银（$AgNO_3$）、三氯乙酸（Cl_3CCOOH）、95%乙醇（CH_3CH_2OH）、盐酸（HCl）、硫酸铵［$(NH_4)_2SO_4$］、氢氧化钠（NaOH）、碳酸钠（Na_2CO_3）、甲基红

3. 试剂

（1）蛋白质溶液 500mL

50g/L 卵清蛋白溶液或鸡蛋清的水溶液（新鲜鸡蛋清：水=1：9）

（2）0.2mol/L 醋酸-醋酸钠缓冲液（pH4.7）100mL

配制方法见附录。

（3）30g/L 硝酸银溶液 10mL

（4）50g/L 三氯乙酸溶液 50mL

（5）95%乙醇 250mL

（6）饱和硫酸铵溶液 250mL

饱和硫酸铵溶液配制方法：称取硫酸铵 220g，研磨为粉末状，加入蒸馏水 250mL，加热至绝大部分硫酸铵固体溶解为止，趁热过滤，置室温下平衡 1～2d，有固体析出时即达 100%饱和度，用时取上层液体。

（7）硫酸铵结晶粉末 1000g

（8）0.1mol/L 盐酸溶液 300mL

（9）0.1mol/L 氢氧化钠溶液 100mL

（10）0.05mol/L 碳酸钠溶液 100mL

（11）0.1mol/L 醋酸溶液 100mL

（12）甲基红溶液 20mL

（四）实验步骤

1. 蛋白质的盐析

加 50g/L 卵清蛋白溶液 5mL 于试管中，再加等量的饱和硫酸铵溶液，振荡试管使液体混匀，试管静置数分钟，观察沉淀的生成（此时应析出球蛋白的沉淀物）。取出少量含有沉淀的混悬液，加少量水，观察沉淀是否溶解并解释原因。将试管内的混合物过滤，向滤液中添加硫酸铵粉末到不再溶解为止，观察沉淀的生成（此时应析出清蛋白的沉淀物）。取出部分清蛋白沉淀，加少量蒸馏水，观察沉淀是否溶解并解释原因。

2. 重金属离子沉淀蛋白质

取 1 支试管，加入蛋白质溶液 2mL，再加入 30g/L 硝酸银溶液 1～2 滴，振荡试管使液体混匀，观察沉淀的生成。试管静置片刻，倾去上清液，向沉淀中加入少量的水，观察沉淀是否溶解并解释原因。

3. 有机酸沉淀蛋白质

取 1 支试管，加入蛋白质溶液 2mL，再加入 1mL 50g/L 三氯乙酸溶液，振荡试管使液体混匀，观察沉淀的生成。试管静置片刻，倾去上清液，向沉淀中加入少量的水，观察沉淀是否溶解并解释原因。

4. 有机溶剂沉淀蛋白质

取 1 支试管，加入蛋白质溶液 2mL，再加入 2mL 95%乙醇，振荡试管使液体混匀，观察沉淀的生成。

5. 乙醇引起的蛋白质变性与沉淀

取 3 支试管，编号。依表 12-3 顺序加入试剂。

表 12-3 各试剂用量

单位：mL

管号	50g/L 卵清蛋白溶液	0.1mol/L 氢氧化钠溶液	0.1mol/L 盐酸溶液	pH 4.7 醋酸盐缓冲液	95%乙醇
1	1	1	—	—	1
2	1	—	1	—	1
3	1	—	—	1	1

振荡试管使液体混匀，观察各管有何变化。放置片刻，向各管内加水 8mL，然后在第 1、第 2 号试管中各加一滴甲基红，再分别用 0.1mol/L 醋酸溶液及 0.05mol/L 碳酸钠溶液中和，观察各管颜色变化和生成沉淀的情况。每管再加 0.1mol/L 盐酸溶液数滴，观察沉淀的溶解。解释各管发生的全部现象。

（五）实验结果

根据实验中观察到的现象填写表 12-4～表 12-8。

1. 蛋白质的盐析

表 12-4 蛋白质盐析

项　　目	现　象	解　释
蛋白质溶液中加硫酸铵溶液		
加水后		
上清液中加硫酸铵粉末		
加水		

2. 重金属离子沉淀蛋白质

表 12-5 重金属离子沉淀蛋白质

项　目	现　象	解释现象
蛋白质溶液中加硝酸银		
沉淀的溶解情况		

3. 有机酸沉淀蛋白质

表 12-6 有机酸沉淀蛋白质

项　目	现　象	解释现象
蛋白质溶液中加三氯乙酸		
沉淀的溶解情况		

4. 有机溶剂沉淀蛋白质

表 12-7 有机溶剂沉淀蛋白质

项　目	现　象	解释现象
蛋白质溶液加入 95%乙醇		

5. 乙醇引起的变性与沉淀

表 12-8 乙醇引起的变性与沉淀

管　号	操　作	现　象	解　释
1	振荡混匀		
	醋酸中和		
	加数滴盐酸		
2	振荡混匀		
	碳酸钠中和		
	加数滴盐酸		
3	振荡混匀		
	加数滴盐酸		

三、尿蛋白定性检验

(一) 实验目的

了解蛋白质的变性与沉淀反应的实践意义，掌握常规临床定性检验尿蛋白的方法。

(二) 实验原理

正常人尿中只含微量蛋白质，不能用常规的临床方法检测出来。用常规的临床方法能查出蛋白质的尿称为尿蛋白，患肾疾病的人（如肾小球肾炎、肾盂肾炎）尿液中往往有尿蛋白，因而尿液中蛋白质的检测在临床上具有重要的诊断意义。

检测尿蛋白的常规临床方法包括加热醋酸法、磺基水杨酸法、试纸法等。加热醋酸法的原理是尿中的蛋白质加热变性后溶解度降低，因而沉淀析出，加入醋酸使尿液呈弱酸性后，蛋白质仍不易溶解，但加热引起的磷酸盐混浊可在加入醋酸后消失，故可以消除磷酸盐混浊的干扰。本方法干扰因素少，结果可靠，缺点是灵敏度稍低。磺基水杨酸法的原理是利用有机酸沉淀蛋白质，酸根阴离子与带正电的蛋白质作用生成不溶性的蛋白盐，此法灵敏度很高，尿中蛋白质含量达 0.015g/L 即可检出，缺点是多种因素可致反应呈现假阳性。试纸法的原理是蛋白质与有机染料

（如溴酚蓝）的离子结合，可改变染料的颜色。将上述染料附着在滤纸上面制成蛋白试纸，当它接触含有蛋白质的溶液时，因蛋白质含量不同，试纸可以由黄色变成黄绿色、绿色或蓝绿色，可根据颜色估计蛋白质的量。该方法干扰因素少，操作快速简便，缺点是灵敏度低，强碱性尿有假阳性反应。

（三）仪器、材料与试剂

1. 仪器/器具

量筒、酒精灯、试管、试管架与试管夹、吸管、pH 蛋白试纸

2. 材料

新鲜尿液、醋酸（CH_3COOH）、磺基水杨酸（$C_7H_6O_6S$）

3. 试剂

（1）2%（体积分数）醋酸溶液 50mL

（2）200g/L 磺基水杨酸溶液 50mL

（四）实验步骤

1. 加热醋酸法

取 3mL 尿液置于试管中，加热至沸腾（应在火焰上移动试管，以防止尿液喷出），观察有无沉淀产生。若产生沉淀，则加入 2%醋酸数滴使其显酸性，然后观察沉淀情况。按表 12-9 记录实验结果。

表 12-9 实验结果记录方法

观察到的现象	记录符号	尿中蛋白质的浓度
无混浊或混浊在加入醋酸后消失	－	阴性
极轻微混浊，黑背景下方可看到	±	0.1g/L 以上
混浊明显，但尚无颗粒状或絮状物产生	＋	0.1 ～<0.5g/L
颗粒状白色混浊，但尚无絮状物产生	＋＋	0.5～<2g/L
混浊浓厚，不透明而呈絮状	＋＋＋	2～3g/L
混浊甚厚，几乎完全凝固	＋＋＋＋	3g/L 以上

2. 磺基水杨酸法

取 3mL 尿液加入试管中，加入 200g/L 磺基水杨酸 8～10 滴，如出现沉淀，表示尿中有蛋白质存在。参考表 12-9，按沉淀多少记录实验结果。

3. 试纸法

所采用的试纸供检查尿 pH 及蛋白质定性和半定量之用，其淡黄色部分供检查 pH 用。将试纸浸入被检尿中后立即取出，约 10s 后，在自然光或白光下，将所呈现的颜色和色板进行比较，记录实验结果。

注意：①强碱性尿的 pH 值在 8.0 以上者，尿蛋白呈假阳性反应，可滴加稀醋

酸校正后再测定；②黄疸尿、浓缩尿、血尿等异常着色的标本，可影响判定；③蛋白试纸应存于阴凉干燥处，其带色部分不可用手接触。

（五）实验结果

根据实验结果填写表12-10。

表12-10 尿蛋白测定的实验结果

实验方法	记录结果	解释结果
加热醋酸法		
磺基水杨酸法		
试纸法		

（六）思考题

1. 什么叫作蛋白质的等电点？什么叫作蛋白质的变性？什么叫作蛋白质的沉淀反应？它们都有什么实用意义？

2. 设计其他的测定蛋白质等电点的方法。

实验十三　酪蛋白的提取

(一) 实验目的

1. 掌握一种提取酪蛋白的方法。
2. 掌握一种检测牛乳质量的方法。

(二) 实验原理

酪蛋白是乳蛋白中最丰富的一类蛋白质，占乳蛋白的30%～82%，酪蛋白不是单一的蛋白质，它是一类含磷的蛋白质的混合物，以一磷酸酯键与苏氨酸及丝氨酸的羟基相结合。它还含有胱氨酸和蛋氨酸这两种含硫氨基酸，但不含半胱氨酸。它在牛乳中的含量约为35g/L，比较稳定，利用这一性质，可以检测牛乳是否掺假。

酪蛋白在其等电点时静电荷为零，同种电荷间的排斥作用消失，溶解度很低。利用这一性质，将牛乳pH调到4.6，就可以将酪蛋白从牛乳中分离出来。酪蛋白不溶于乙醇，这个性质被用来除去酪蛋白粗制剂中脂类杂质。

(三) 仪器、材料和试剂

1. 仪器/器具

温度计、布氏漏斗、pH试纸、抽滤瓶、电炉、烧杯、量筒、表面皿、天平

2. 材料

市售牛乳、乙醇、乙醚、乙酸钠

3. 试剂

95%乙醇和乙醚、pH 4.6乙酸钠缓冲液（0.2mol/L)、乙醇-乙醚混合液：乙醇：乙醚=1：1(体积比)

(四) 实验步骤

1. 酪蛋白等电点沉淀

将100mL牛乳放到500mL烧杯中，加入40℃左右的乙酸钠缓冲液，直到pH达4.6左右，用pH试纸或酸度计调试。将上述悬浮液冷却至室温，然后放置5min，用细布过滤，收集沉淀。

2. 除脂类杂质

将上述沉淀用少量水洗数次，然后悬浮于 30mL 95%的乙醇中。将此悬浮液倾入布氏漏斗中，抽滤除去乙醇溶液，再倒入乙醇-乙醚混合液洗涤沉淀两次，最后再用乙醚洗涤沉淀两次，抽干。将沉淀从布氏漏斗中移去，在表面皿上摊开以除去乙醚，干燥后得到酪蛋白纯品。准确称重后，计算出每 100mL 牛乳所制备出的酪蛋白质量（g/100mL），并与理论产量（3.5g/100mL）相比较，求出实际获得率。

（五）思考题

1. 用乙醇、乙醇-乙醚和乙醚洗涤蛋白质的顺序是否可以变换？为什么？
2. 试设计一个利用蛋白质的其他性质制取蛋白质的实验。

实验十四
考马斯亮蓝 G-250 法（Bradford 法）测定蛋白质的浓度

（一）实验目的

1. 了解用 Bradford 法测定蛋白质浓度的原理。
2. 学习利用 Bradford 法绘制标准曲线和测定未知蛋白质的浓度。

（二）实验原理

蛋白质浓度的测定方法包括凯氏定氮法、双缩脲法、福林-酚试剂法（Lowry 法）、紫外吸收法、Bradford 法等，其中目前应用最广泛的是 Bradford 法。

Bradford 法又称考马斯亮蓝染色法，该方法是一种利用蛋白质-染料结合原理，定量地测定微量蛋白质浓度快速、灵敏的方法。考马斯亮蓝 G-250 与蛋白质通过范德瓦尔斯力结合，此染料与蛋白质结合后颜色由红色转变成蓝色，最大光吸收由 465nm 变成 595nm，在一定蛋白质浓度范围内，染料与蛋白质形成的复合物在 595nm 的吸光度与蛋白质浓度成正比，通过测定 595nm 处吸光度可推算与染料结合蛋白质的浓度。

蛋白质和染料的结合是一个很快的过程，约 2min 即可反应完全，呈现最大光吸收，并可稳定一段时间。1h 之后，蛋白质-染料复合物发生聚合并沉淀出来。蛋白质-染料复合物具有很高的消光系数，测定溶液中蛋白质浓度为 5μg/mL 时就有 0.275 吸光度值的变化，使该方法在测定蛋白质浓度时具有很高的灵敏度，测定范围为 10～100μg 蛋白质。此方法重复性好，精确度高，线性关系好。标准曲线在蛋白质浓度较大时稍有弯曲，这是由于染料本身的两种颜色形式光谱有重叠，试剂背景值随更多染料与蛋白质结合而不断降低，但直线弯曲程度很轻，不影响测定。

此方法干扰物少，研究表明，NaCl、KCl、$MgCl_2$、乙醇、$(NH_4)_2SO_4$ 无干扰。强碱缓冲剂在测定中有一些颜色干扰，这可以用适当的缓冲液作对照消除其影响。Tris、乙酸、2-巯基乙醇、蔗糖、甘油、EDTA 及微量的去污剂如 Triton X-100、SDS 和玻璃去污剂有少量颜色干扰，该干扰用适当的缓冲液作对照很容易消除。但是，大量去污剂的存在对颜色影响太大而不易消除。

（三）仪器、材料与试剂

1. 仪器/器具

天平、分光光度计、涡旋混合器、玻璃或塑料比色杯、10mL容量瓶、漏斗、滤纸、试管架与试管、微量移液器与吸头（或其他替代器具）

2. 材料

考马斯亮蓝（G-250）、牛血清白蛋白（BSA）、人血清、95%乙醇（CH_3CH_2OH）、85%磷酸（H_3PO_4）

3. 试剂

（1）标准蛋白质溶液 1mg/mLBSA 10mL

BSA经微量凯氏定氮法测定蛋白质含量后，根据其纯度用蒸馏水配制成1mg/mL标准溶液，用10mL容量瓶定容。

（2）待测蛋白质溶液 10mL

人血清，使用前用蒸馏水稀释，使其浓度范围在0.1～5mg/mL之间。

（3）考马斯亮蓝试剂 1000mL

考马斯亮蓝G-250 100mg溶于50mL 95%乙醇中，加入100mL 85%磷酸，用蒸馏水稀释至1000mL，滤纸过滤。最终试剂中含0.1g/L考马斯亮蓝G-250，乙醇和磷酸体积分数分别为4.7%和8.5%。

（四）实验步骤

1. 标准曲线的绘制

取14支试管，分两组按表14-1平行操作。

表14-1 各试剂用量

管号	1	2	3	4	5	6	7
标准蛋白质含量/μg	0	10	20	30	40	50	60
标准蛋白质溶液/μL	0	10	20	30	40	50	60
H_2O/μL	100	90	80	70	60	50	40
考马斯亮蓝G-250	5mL						

样品混合均匀，1h内以1号试管为空白对照，用分光光度计测定595nm处样品的吸光度值

A_{595nm}	0						
	0						
平均值	0						

绘制标准曲线：以标准蛋白质含量为横坐标，A_{595nm} 值为纵坐标绘制标准曲线。

注意：①建议在试剂加入后的 5～20min 内测定吸光度值，因为在这段时间内颜色最稳定；②测定中，蛋白质-染料复合物会有少部分吸附在比色杯壁上，但其吸附量可以忽略，测定完后可用乙醇将比色杯洗净。

2. 未知蛋白质样品浓度的测定

取不同体积的未知样品（待测蛋白质溶液），用蒸馏水稀释为 100μL，用同样的方法测定样品的 A_{595nm} 值，选取测定值在标准曲线的直线范围内的样品，根据所测定的 A_{595nm} 值，利用标准曲线计算出未知蛋白质样品的浓度（mg/mL）。

注意：取 $n\times 2$ 只试管（n 为稀释后样品最大编号），分两组平行操作。

（五）实验结果

根据实验结果填写表 14-2。

表 14-2　蛋白样品浓度的测定结果

样品编号	未知样品体积/μL	稀释倍数	A_{595nm}	A_{595nm}(稀释)	平均值	蛋白质浓度/(mg/mL)
1						
2						
3						
4						
5						

（六）思考题

1. 标准曲线制作中注意事项有哪些？
2. 标准曲线中的 R^2 值有何意义？
3. 若实验中考马斯亮蓝 G-250 测定蛋白质含量出现线性偏高，应怎么处理？

实验十五
蛋白质含量测定——微量凯氏定氮法

(一) 实验目的

学习微量凯氏定氮法的原理，掌握微量凯氏定氮法的实验操作方法。

(二) 实验原理

生物材料中含有许多含氮有机物，如蛋白质、核酸、氨基酸等，故含氮量的测定在生物化学研究中具有重要的意义。测定了含氮量，就可以推知蛋白质的含量，还可以根据氮磷比值的高低检验核酸的纯度。含氮量的测定通常采用微量凯氏定氮法，它适合于测定0.2～2.0mg的氮，具有测定准确度高、可测定各种不同形态样品两大优点，被公认为测定食品、饲料、种子、生物制品和药品中蛋白质含量的标准分析方法。

有机物与浓硫酸共热，有机氮转变为无机氮（氨），氨与硫酸作用生成硫酸铵，后者与强碱作用释放出氨，借蒸汽将氨蒸至过量酸液中，根据此过量酸液被中和的程度，即可计算出样品的含氮量。以甘氨酸为例，反应式如下：

$$H_2NCH_2COOH+3H_2SO_4 \longrightarrow 2CO_2+3SO_2+4H_2O+NH_3$$

$$2NH_3+H_2SO_4 \longrightarrow (NH_4)_2SO_4$$

$$(NH_4)_2SO_4+2NaOH \longrightarrow 2NH_4OH+Na_2SO_4$$

$$NH_4OH \longrightarrow H_2O+NH_3$$

$$NH_3+HCl \longrightarrow NH_4Cl$$

中和程度用滴定法来判断，分回滴法和直接法两种。

1. 回滴法

用过量的标准酸吸收氨，其剩余的酸可用NaOH标准溶液滴定，由标准酸量减去滴定所耗NaOH的量即为被吸收的氨的量。此法采用甲基红作指示剂。

2. 直接法

将硼酸作为氨的吸收溶液，结果使溶液中的氢离子浓度降低，混合指示剂（pH值为4.3～5.4）由黑紫色变为绿色，再用盐酸来滴定，使硼酸恢复到原来的氢离子浓度为止，当指示剂变为淡紫色即达终点，此时所消耗的HCl物质的量即为氨的物质的量。

$$NH_3 + H_3BO_4 \longrightarrow NH_4H_2BO_4$$

$$NH_4H_2BO_4 + HCl \longrightarrow NH_4Cl + H_3BO_4$$

为了加速消化，可加入硫酸铜作催化剂，硫酸钾或硫酸钠可提高溶液的沸点。此外，硒汞混合物或钼酸钠也可作为催化剂，且可缩短消化时间，H_2O_2 也可加速反应。

(三) 仪器、材料和试剂

1. 仪器/器具

微量凯氏定氮仪、凯氏烧瓶、漏斗、电炉、通风橱、量筒（100mL、25mL）、吸量管（5mL、10mL）、滴管、分析天平、冷凝管、锥形瓶

2. 材料

卵清蛋白、浓硫酸（98%，分析纯）、硫酸钾、硫酸铜、氢氧化钠、硼酸、溴甲酚绿、甲基红、乙醇、盐酸、氯化钠

3. 试剂

(1) 硫酸钾和硫酸铜的混合物：硫酸钾和硫酸铜按（3∶1）～（4∶1）（质量比）混匀，研成粉末。

(2) 30%氢氧化钠溶液：30g 氢氧化钠溶于蒸馏水，稀释至 100mL。

(3) 2%硼酸溶液：2g 硼酸溶于蒸馏水，稀释至 100mL。

(4) 混合指示剂：称取 0.099g 溴甲酚绿、0.066g 甲基红，研碎后溶解于 95%乙醇中，并定容至 100mL，即配制成混合指示剂。使用时，取 20mL 混合指示剂加入 1000mL 2%硼酸溶液中，此溶液在 pH5.2 时显紫红色，pH5.6 时显绿色。

(5) 0.01mol/L 盐酸：用恒沸的盐酸准确稀释。

(6) 待测样液：1g 卵清蛋白溶于 0.9% NaCl 溶液（生理盐水）中，并稀释至 100mL。如有不溶物，离心取上清液备用。

(四) 实验步骤

1. 消化

取两个凯氏烧瓶并编号，一个加 5mL 蒸馏水作为空白对照，另一个加 5mL 样液。各加硫酸钾和硫酸铜混合物约 100mg、浓硫酸 10mL。烧瓶口插一漏斗（冷凝用），烧瓶置于通风橱内的消化架或电炉上加热消化。开始时应注意控制火力，以免瓶内液体冲至瓶颈。待瓶内水汽蒸完，硫酸开始分解生成 SO_2 白烟时，适当加强火力，直至消化液透明并呈淡绿色为止（2～3h），用木夹取出，冷却，准备蒸馏。

2. 蒸馏

取 50～100mL 锥形瓶 3 个，先按一般方法洗净，再用蒸汽洗涤数分钟，冷却。

用吸量管各加入2%硼酸溶液5.0mL和指示剂4滴。如瓶内液体呈葡萄紫色，可再加硼酸溶液5.0mL，盖好备用。如锥形瓶内液体呈绿色，需用蒸汽重新洗涤。

微量凯氏蒸馏装置（见图15-1）实际上是一套蒸汽装置，蒸汽发生器内盛放有滴加数滴 H_2SO_4 的蒸馏水和数粒沸石。加热后，产生的蒸汽经贮液管、反应室至冷凝管，冷凝后的液体流入接收瓶。每次使用前，需用蒸汽洗涤10min左右(此时可用小烧杯盛接冷凝的水)。然后将一只盛有硼酸溶液和指示剂的锥形瓶放置在冷凝管下端，并使冷凝管的管口插入酸液面下，继续蒸馏1～2min，如硼酸溶液颜色不变，表明仪器已洗净，否则需再洗。移去酸液，蒸馏1min，用水冲洗冷凝管口，吸去反应室残液。

将消化好的消化液由小漏斗加入反应室，用蒸馏水洗涤凯氏烧瓶2次（每次约2mL)，洗涤液均经小漏斗加入反应室，再在冷凝管下置一盛有硼酸溶液和指示剂的锥形瓶，并使冷凝管的管口插入酸液面下0.5cm处。10mL酸液置于50～100mL锥形瓶内，液体体积较小，可将锥形瓶斜放。冷凝管的管口必须插在液面下，但也不宜太深，即使发生倒吸现象，硼酸溶液也不致被吸入反应室内。

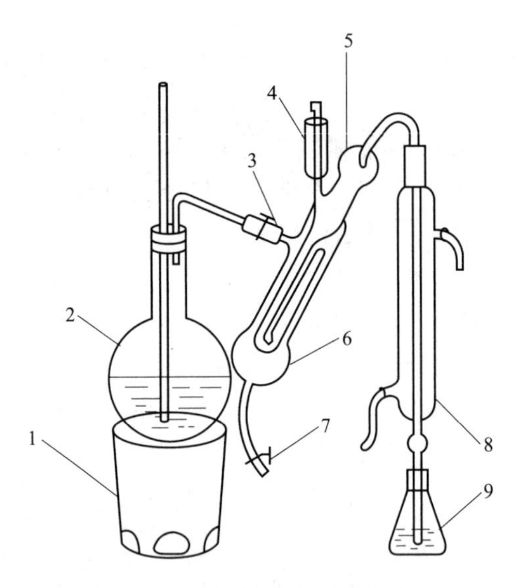

图15-1 微量凯氏蒸馏装置示意

1—电炉；2—蒸汽发生器（2L平底烧瓶)；3—螺旋夹；
4—小漏斗及棒状玻璃塞（样品入口处)；5—反应室；6—反应室外层；
7—橡皮管及螺旋夹；8—冷凝管；9—蒸馏液接收瓶

用小量筒取10～15mL 30% NaOH溶液，倒入小漏斗，松开弹簧夹，让NaOH溶液缓缓流入反应室。当小漏斗内剩下少量NaOH溶液时，夹紧夹子，再加入约3mL蒸馏水于小漏斗内，同样缓慢放入反应室，并留少量水在漏斗内作水封，即可蒸馏。

开始蒸馏后，即应注意硼酸溶液颜色变化。当酸液由葡萄紫色变成绿色后，再蒸馏约 3min，然后降低锥形瓶，使冷凝管的管口离开酸液面约 1 cm，再蒸馏 1min，用少量蒸馏水冲洗冷凝管的管口，移去锥形瓶，盖好，准备滴定。

3. 凯氏定氮仪的洗涤

每次使用凯氏定氮仪后必须先把反应室内的残液吸去，再洗净。如用煤气灯加热，熄灭煤气灯，还可用冷湿抹布包在蒸汽发生器外，降低烧瓶内的温度，使反应室内的残液倒吸至贮液管内；用电炉加热时，即使切断电源，电炉余温仍较高，倒吸效果不好，为此在蒸汽发生器和储液管间加一个三通活塞，蒸馏时可使蒸汽发生器仅与储液管相通，蒸汽进入反应室。需倒吸时，转动三通活塞使蒸汽外逸（进入大气），不进入储液管，此时由于储液管温度突然下降，即可将反应室残液吸至储液管。

4. 滴定

用 0.01mol/L 盐酸滴定锥形瓶中的硼酸溶液至浅葡萄紫色，记录所消耗盐酸量。

（五）实验结果

$$样品含氮量(mg/mL)=\frac{(V_{样}-V_{空})\times c\times 14.008}{V} \tag{15-1}$$

$$样品中蛋白质含量(mg/mL)=\frac{(V_{样}-V_{空})\times c\times 14.008\times 6.25}{V} \tag{15-2}$$

式中 $V_{样}$——滴定样品消耗盐酸体积，mL；

$V_{空}$——滴定空白样品消耗盐酸体积，mL；

V——相当于未稀释样品的体积，mL；

c——盐酸的浓度，mol/L；

14.008——氮的原子量；

6.25——换算系数（16%的倒数）。

（六）注意事项

1. 必须仔细检查凯氏定氮仪的各连接处，保证不漏气。
2. 凯氏定氮仪必须事先反复清洗，保证洁净。
3. 小心加样，切勿使样品沾污口部、颈部。
4. 消化时，需斜放凯氏烧瓶（45°左右）。火力先小后大，避免黑色消化物溅到瓶口、瓶颈壁上。
5. 蒸馏时，小心加入消化液，加样时最好将火力拧小或撤去。蒸馏时，切忌火力不稳，否则将发生倒吸现象。
6. 蒸馏后应及时清洗凯氏定氮仪。

（七）思考题

1. 如何证明蒸馏器已洗涤干净？
2. 在实验中加入硫酸钾和硫酸铜混合物的作用是什么？
3. 微量凯氏定氮法的测定结果通常会高于样品蛋白质的实际含量，为什么？

实验十六　双缩脲法测定蛋白质含量

（一）实验目的

了解并掌握双缩脲法测定蛋白质的原理及方法。

（二）实验原理

双缩脲是由两分子尿素缩合而成的化合物，在碱性溶液中双缩脲与硫酸铜反应生成紫红色配合物，此反应即为双缩脲反应（溶液颜色由黄→绿→紫）。含有两个或两个以上肽键的化合物都具有双缩脲反应。蛋白质含有多个肽键，在碱性溶液中能与 Cu^{2+} 配合成紫红色配合物，其颜色深浅与蛋白质的浓度成正比，可以用比色法来测定。含有两个以上肽键的物质才有此反应，故氨基酸无此反应。

双缩脲法最常用于快速但无需十分精确的测定。硫酸铵不干扰此呈色反应，但 Cu^{2+} 容易被还原，有时会出现红色沉淀。

（三）仪器、材料和试剂

1. 仪器/器具

分光光度计、电热恒温水浴锅、试管（25mL）、吸量管（1mL、5mL）

2. 材料

动物血清（动物血清用水稀释 10 倍，置于冰箱保存备用）、标准蛋白质溶液、硫酸铜、酒石酸钾钠、氢氧化钠

3. 试剂

（1）标准蛋白质溶液（5mg/mL）：准确称取已定氮的酪蛋白（干酪素或牛血清白蛋白），用 0.05mol/L NaOH 溶液配制，于 0～4℃冰箱中存放备用。

（2）双缩脲试剂：溶解 1.5g 硫酸铜（$CuSO_4 \cdot 5H_2O$）和 6.0g 酒石酸钾钠（$NaKC_4H_4O_6 \cdot 4H_2O$）于 500mL 蒸馏水中，在搅拌下加入 300mL 10%的 NaOH 溶液，用水稀释到 1000mL，贮存于内壁涂以石蜡的瓶内。此试剂可长期保存。

（四）实验步骤

1. 标准管法

（1）取 3 支试管按表 16-1 操作。

表 16-1　各试剂用量　　单位：mL

试剂	空白管	标准管	测定管	试剂	空白管	标准管	测定管
血清	0	0	1.0	蒸馏水	2.0	1.0	1.0
标准蛋白溶液	0	1.0	0	双缩脲试剂	4.0	4.0	4.0

摇匀，于 37℃水浴 20min 后用分光光度计在 540nm 波长处比色，以空白管调零点，测得各管吸光度。

（2）血清中总蛋白质的含量（g/100mL）按式(16-1）计算：

$$血清中总蛋白质的含量=\frac{测定吸光度}{标准吸光度}\times 0.005\times \frac{100}{0.1}=\frac{测定管吸光度}{标准管吸光度}\times 5 \tag{16-1}$$

2. 标准曲线法

（1）标准曲线的绘制　将 7 支干燥试管编号，按表 16-2 加入相应试剂。

表 16-2　各试剂用量

管号	0	1	2	3	4	5	6
标准蛋白质溶液/mL	—	0.3	0.6	1.2	1.8	2.4	3.0
蒸馏水/mL	3.0	2.7	2.4	1.8	1.2	0.6	—
蛋白质含量/(mg/mL)	0	0.5	1.0	2.0	3.0	4.0	5.0
A_{540nm}							

各管混匀后，分别加入双缩脲试剂 3.0mL，充分混匀，于 37°C 水浴中加热 30min，在 540nm 波长处比色。显色后 30min 内比色，30min 后可能有雾状沉淀产生。各管由显色到比色的时间应尽可能一致。以 0 号管调零点测定各管吸光度，以吸光度为纵坐标，蛋白质含量为横坐标，绘制标准曲线。

（2）样品测定　取未知浓度的蛋白质溶液 3.0mL 于试管内，加入双缩脲试剂 3.0mL 充分混匀，在 540nm 波长处测吸光度，对照标准曲线，求得未知溶液的蛋白质浓度（含量），再根据稀释样品稀释倍数换算为 g/100mL。

操作（1）、（2）同时进行。

（五）思考题

1. 实验中加入硫酸铜及氢氧化钠的作用是什么？写出蛋白质与硫酸铜反应的反应式。

2. 能否用其他试剂如三氯乙酸作蛋白质的沉淀剂？为什么？

3. 做好此实验的关键是什么？

实验十七
福林-酚试剂法（Lowry 法）测定蛋白质

（一）实验目的

1. 掌握福林-酚试剂法测定蛋白质含量的原理和方法。
2. 熟悉分光光度计的操作。

（二）实验原理

蛋白质（或多肽）分子中含有酪氨酸或色氨酸，能与福林-酚试剂起氧化还原反应，生成蓝色化合物。蓝色的深浅与蛋白质浓度成正比，可用比色法测定蛋白质浓度。

本测定法比双缩脲法灵敏，并适用于酪氨酸和色氨酸的定量测定，对一些含这两个残基并与标准蛋白质差异较大的蛋白质来说定量有误差。进行测定时，加福林-酚试剂要特别小心，因为福林-酚试剂仅在酸性条件下稳定，但上述还原反应只在 pH=10 的情况下发生。因此，福林-酚试剂加到碱性的铜与蛋白质溶液中必须立刻混匀，确保在福林-酚试剂被破坏之前，还原反应即能发生。该法可用 500nm 比色测定，蛋白质浓度范围为 0.05～0.5mg/mL。

（三）仪器、材料和试剂

1. 仪器/器具

试管（25mL）、吸管（1mL，5mL）、水浴锅、721 型分光光度计

2. 材料

标准牛血清白蛋白溶液、无水碳酸钠、氢氧化钠、硫酸铜、酒石酸钾钠、钨酸钠、钼酸钠、磷酸、硫酸锂、溴水、酚酞、浓盐酸

3. 试剂

（1）福林-酚试剂 A　由下述三种溶液配制：①称取 20g 无水 Na_2CO_3、4g NaOH 溶于 1L 水中；②称取 0.2g 硫酸铜（$CuSO_4 \cdot 5H_2O$）溶于 20mL 水中；③称取 0.4g 酒石酸钾钠溶于 20mL 水中。在测定的当天将这三种溶液按 100∶1∶1 的体积比混合，即为福林-酚试剂 A。混合放置 30min 后使用，混合液一日内有

效。三种溶液分开可长期保存。

(2) 福林-酚试剂B　在2L的磨口回流装置内加入100g钨酸钠（$Na_2WO_4 \cdot 2H_2O$）、25g钼酸钠（$Na_2MoO_4 \cdot 2H_2O$）、700mL水、50mL 85%磷酸及100mL浓HCl充分混匀后，以小火回流10h。再加硫酸锂（Li_2SO_4）150g、水50mL和数滴溴水，然后开口继续沸腾15min，以便去除过量的溴。冷却后稀释至1000mL，过滤，溶液呈微绿色，置于棕色试剂瓶中贮于暗处。使用时将购买的或自制的试剂B用标准氢氧化钠溶液滴定，以酚酞为指示剂，而后用水适量稀释，使酸浓度最后为1mol/L，此即为福林-酚试剂B。

(3) 标准牛血清白蛋白溶液　配制成浓度为0.5mg/mL的溶液。

(4) 待测蛋白质溶液　浓度不要超过0.5mg/mL，否则要适当稀释。

(四) 实验步骤

1. 标准曲线的绘制

按表17-1依次加入各试剂，反应完毕后进行比色，绘制标准曲线。

表17-1　各试剂用量

试　剂	0	1	2	3	4	5	6
标准牛血清白蛋白溶液/mL	0	0.05	0.1	0.2	0.3	0.4	0.5
蒸馏水/mL	0.5	0.45	0.4	0.3	0.2	0.1	0
试剂A/mL	2.5	2.5	2.5	2.5	2.5	2.5	2.5
混匀，室温放置10min，各管再加试剂B							
试剂B/mL	0.25	0.25	0.25	0.25	0.25	0.25	0.25
立即混匀，室温放置30min，然后在500nm波长处以0号管调零点测定各管吸光度(*A*)，以吸光度值为纵坐标，蛋白质浓度为横坐标，绘制标准曲线							
蛋白质浓度/(mg/mL)							
A_{500}							

2. 样品测定

取未知浓度的蛋白质溶液0.5mL（注意样品浓度不要超过0.50mg/mL，否则要适当稀释）置于试管内，加入试剂A 2.50mL，混匀，室温放置10min后，再加试剂B 0.25mL，立即混匀，室温放置30min后，测其500nm波长处的吸光度，对照标准曲线求得样品中蛋白质浓度。

(五) 思考题

1. 简述福林-酚试剂法的优缺点。
2. 含有什么氨基酸的蛋白质能与福林-酚试剂呈蓝色反应？
3. 测定蛋白质含量除福林-酚试剂显色法以外，还可以用什么方法？

实验十八　血清蛋白质乙酸纤维素薄膜电泳

（一）实验目的

1. 掌握乙酸纤维素薄膜电泳的原理及方法。
2. 熟悉血液的特性及血清的制备技术。

（二）实验原理

电泳（图 18-1）是指带电粒子在电场中向本身所带电荷相反的电极移动的现象。

在一定 pH 条件下，不同的蛋白质具有不同的等电点而带不同性质的电荷，因而在一定的电场中它们的移动方向和移动速度也不同，即它们的电泳迁移率不同，因此，可使它们分离。

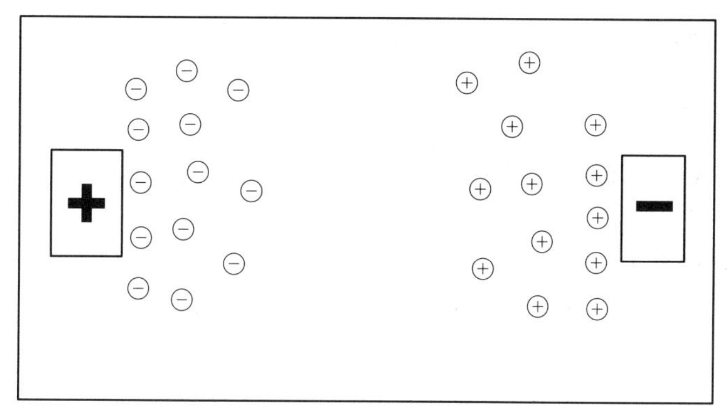

图 18-1　电泳原理图

采用乙酸纤维素薄膜为支持物的电泳，叫作乙酸纤维素薄膜电泳。乙酸纤维素溶于有机溶剂（如丙酮、氯仿、氯乙烯、乙酸乙酯等）后，涂抹成均匀的薄膜。具有均一的泡沫状结构，有很强的通透性，其厚度约为 120μm。对分子移动阻力很小。

乙酸纤维素薄膜电泳是近几年来推广的一种新技术。它具有微量、快速、简便、分辨力高、对样品无拖尾和吸附现象等优点。目前已广泛应用于血清蛋白、血红蛋白、糖蛋白、脂蛋白、结合球蛋白、同工酶的分离和测定等方面。

本实验以动物血清为材料，乙酸纤维素薄膜为支持物来分离血清中的蛋白质，并测定每种蛋白质的相对含量。经电泳可将血清蛋白按电泳速度分为5条区带，从正极端依次为清蛋白、α_1-球蛋白、α_2-球蛋白、β-球蛋白及γ-球蛋白，经染色可观察各蛋白质的含量。

影响电泳迁移率的因素：内在因素，蛋白所带净电荷的量、蛋白的分子量；外界因素，电场强度、溶液的pH值、溶液的离子强度等。

(三) 仪器、材料和试剂

1. 仪器/器具

电泳仪、电泳槽、乙酸纤维素薄膜（8cm×2cm）、镊子（10cm）、培养皿、滤纸

2. 材料

新鲜血清（制备时要无溶血现象）、巴比妥、巴比妥钠、氨基黑10B、甲醇、冰乙酸、乙醇

3. 试剂

（1）巴比妥钠缓冲液（pH值为8.6，0.075mol/L，离子强度为0.06）：称取巴比妥1.66g和巴比妥钠12.76g，溶于少量蒸馏水后定容至1000mL。

（2）染色液：称取氨基黑10B 0.5g，加入蒸馏水40mL、甲醇50mL和冰乙酸10mL，混匀，贮存于试剂瓶中。

（3）漂洗液：取95%乙醇45mL、冰乙酸5mL和蒸馏水50mL，混匀。

(四) 实验步骤

1. 醋酸纤维素薄膜的润湿

将醋酸纤维素薄膜完全浸泡于缓冲液中约30min。

2. 电泳槽的准备

电泳槽（图18-2）有两个互相隔离的槽，各自装有缓冲液，接不同的电极，红色为正极，黑色为负极。每个槽上都有一根可移动的玻璃板，滤纸的一端搭在横杆上，另一端浸入缓冲液中，形成了滤纸桥。

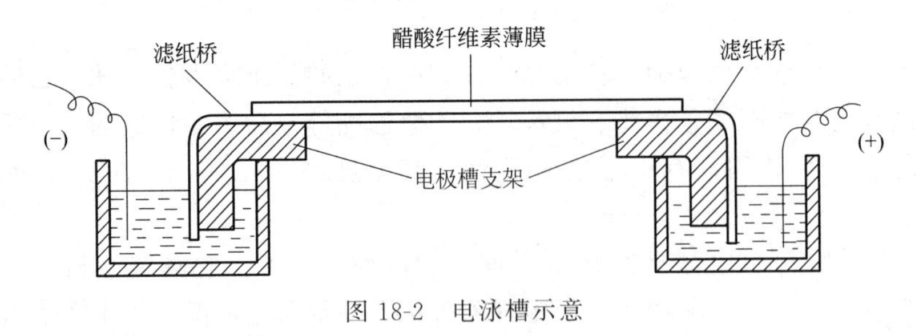

图18-2　电泳槽示意

悬空的距离调节到略小于醋酸纤维素薄膜的长度，点好样的醋酸纤维素薄膜搭

在滤纸桥上。

3. 点样

(1) 取出浸泡后的膜条，用滤纸吸干，平铺在玻璃板上，无光面朝上。

(2) 将点样器（盖玻片）蘸取血清后，距膜条一端 1.5～3cm 处点样（图 18-3），轻轻水平落下并立刻提起。

要求：蘸血清不过多，点样轻，不拖尾，不弄破膜条。可先蘸水在滤纸上练习。

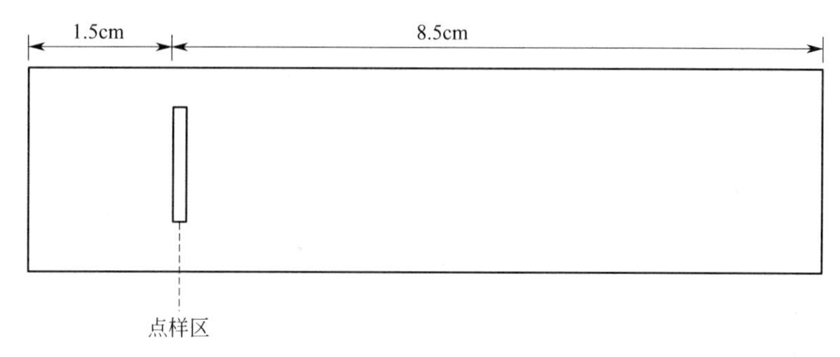

图 18-3 点样示意

4. 电泳

将点样端的薄膜平贴在阴极电泳槽支架的滤纸桥上（点样面朝下），另一端平贴在阳极端支架上。要求薄膜紧贴滤纸桥并绷直，中间不能下垂。盖严电泳室，通电，调节电压至 160V，电流强度 0.4～0.7mA/cm 膜宽，电泳约 30～40min。

5. 染色

电泳完毕后将薄膜取下，放在含氨基黑 10B 染色液的培养皿中浸泡 5min，可重复使用。

6. 漂洗

将薄膜从染色液中取出后移至漂洗液中漂洗 2 次，直至背景蓝色脱尽，条带清晰为止，可得到色带清晰的电泳图谱。

7. 记录和分析实验结果

漂洗完毕后将薄膜取出，放在滤纸上。将薄膜上的 5 条色带根据其颜色深浅、形状、大小及相对位置进行描述、记录，并判断分析其结果。

(五) 实验结果

一般经漂洗后，薄膜上可呈现清晰的 5 条区带（图 18-4、图 18-5），由正极端起，依次为清蛋白、α_1-球蛋白、α_2-球蛋白、β-球蛋白和 γ-球蛋白。

(六) 思考题

1. 电泳的原理是什么？为什么血清蛋白质可以用电泳法分离？

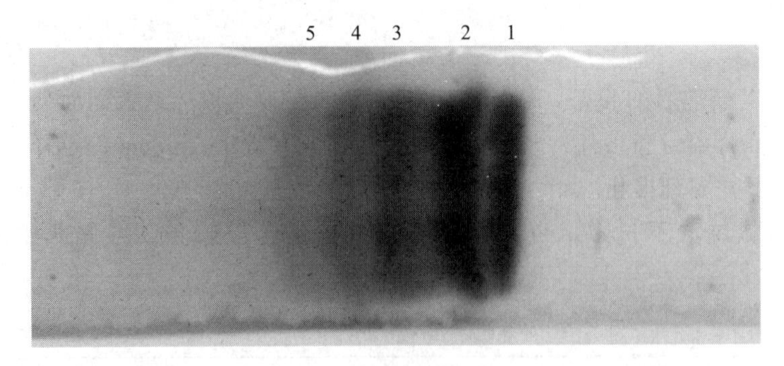

图 18-4 电泳结果（彩图）

1～5 号依次为，清蛋白、α_1-球蛋白、α_2-球蛋白、β-球蛋白和 γ-球蛋白

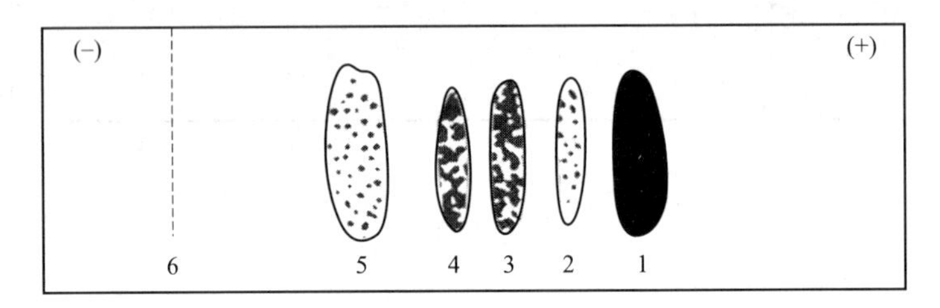

图 18-5 电泳结果示意

1～5 号依次为：清蛋白、α_1-球蛋白、α_2-球蛋白、β-球蛋白和 γ-球蛋白，6 为点样原点

2. 引起溶血的因素有哪些？血清蛋白电泳图谱中各种蛋白质怎样确定？

实验十九
垂直板聚丙烯酰胺凝胶电泳分离蛋白质

（一）实验目的

了解并掌握垂直板凝胶电泳的使用方法。

（二）实验原理

聚丙烯酰胺凝胶垂直板电泳是以聚丙烯酰胺凝胶作支持物的一种区带电泳，由于此种凝胶具有分子筛的性质，所以本法对样品的分离作用，不仅决定于样品中各组分所带净电荷多少，也与分子的大小有关。另外，聚丙烯酰胺凝胶电泳还有一种独特的浓缩效应，即在电泳开始阶段，由于不连续 pH 梯度的作用，将样品压缩成一条狭窄区带，从而提高了分离效果。

聚丙烯酰胺凝胶具有网状立体结构，很少带有离子的侧基，惰性好，电泳时电渗作用小，几乎无吸附作用，对热稳定，呈透明状，易于观察结果。

聚丙烯酰胺凝胶是由单体丙烯酰胺（Acr）和交联剂亚甲基双丙烯酰胺（Bis）在催化剂的作用下，聚合交联而成的含有酰胺基侧链的脂肪族大分子化合物。

（三）仪器、材料和试剂

1. 仪器/器具

电泳仪、垂直平板电泳槽、微量注射器、灯泡瓶、移液器、染色与脱色缸、量筒、滴管

2. 材料

蛋白质样品，人或动物血清、丙烯酰胺（单体，Acr）、1%琼脂、N,N,N′,N′-四甲基乙二胺（TEMED）、*N*,*N*′-亚甲基双丙烯酰胺（交联剂，Bis）、过硫酸铵（聚合时的催化剂）、0.05%溴酚蓝、20%甘油、7%乙酸、1mol/L HCl、三羟甲基氨基甲烷（Tris）。

3. 试剂

试剂 A（pH 8.9）：将 36.6g 三羟甲基氨基甲烷（Tris）和 48mL 1mol/L HCl 混合，加水至 100mL。

试剂B（pH 6.7）：将5.98g Tris和48mL 1mol/L HCl混合，加水至100mL。

电极缓冲液：6.0g Tris和28.8g甘氨酸混合，加水至1000mL，用时稀释10倍。

（四）实验步骤

1. 垂直平板电泳槽的安装

先把垂直平板电泳槽和两块玻璃板洗净，晾干。通过硅胶带将两块玻璃板紧贴于电泳槽，玻璃板之间留有空隙，两边用夹子夹住。将1%琼脂糖熔化，冷却至50℃左右，用吸管吸取热的1%琼脂糖沿电泳槽的两边条内侧加入电泳槽的底槽中，封住缝隙，冷却后琼脂糖凝固，待用。

2. 凝胶的制备

（1）分离胶的制备　称取Acr 3.2g、Bis 16mg、过硫酸铵16mg，一起置于灯泡瓶中，加入试剂A 2mL、水14mL，摇匀，使其溶解，然后用真空泵抽气10min，以防止分离胶中的氧气妨碍胶的聚合，随后再加TEMED 2滴（滴管内径小于2mm），混匀。用吸管吸取分离胶，沿壁加入垂直平板电泳槽中，直至胶液的高度达电泳槽高度的2/3左右，上面再覆盖一层水或正丁醇（防止氧气扩散进入凝胶抑制聚合），室温下静置约1h即可聚合。注意：丙烯酰胺有毒，应避免与皮肤直接接触。

（2）浓缩胶的制备　称取Acr 0.12g、Bis 6mg、过硫酸铵16mg，移取试剂B 0.4mL、水2.8mL，摇匀后抽气10min，加TEMED 1滴，混匀。用吸管吸取浓缩胶加到分离胶的上面，直至胶的高度为1.5cm，这时将梳子插入，注意梳齿边缘不能带入气泡，室温下静置0.5～1h即可聚合。观察梳子附近凝胶中呈现光线折射的波纹时，浓缩胶即凝聚完成。将梳子拔出后，用电极缓冲液冲洗梳孔。

（3）加样　用微量注射器分别吸取10mg/L的标准蛋白质样品50μL，上面加20%甘油1滴、0.05%溴酚蓝1滴，再用滴管小心加入少量电极缓冲液使之充满梳孔。

（4）电泳　将电极缓冲液分别倒入上下电泳槽，接通电源，调节电压为300V，待溴酚蓝移至凝胶底部1～1.5cm时，切断电源。

（5）染色　将凝胶从玻璃板上取下，放入染色缸中染色20～30min，然后放入7%乙酸中脱色至背景脱尽为止。

（6）鉴定　根据染色所出现的区带，分析样品的纯度。

（五）思考题

1. 聚丙烯酰胺凝胶垂直平板电泳中应注意哪些问题？

2. 丙烯酰胺分离胶如果很长时间都不聚合或只有部分聚合，分析可能的原因。

实验二十 SDS-PAGE 电泳测定蛋白质分子量

（一）实验目的

1. 了解 SDS-PAGE 电泳法的基本原理及操作技术。
2. 掌握使用这种方法测定蛋白质的分子量。

（二）实验原理

聚丙烯酰胺凝胶电泳（SDS-PAGE）能将不同的大分子化合物分开，是因为这些大分子化合物所带电荷的差异和分子大小不同，如果将电荷差异这一因素除去或减小到可以忽略不计的程度，这些化合物在凝胶上的迁移率则完全取决于分子量。

SDS-PAGE 可以用圆盘电泳，也可以用垂直平板电泳，本实验采用目前常用的垂直平板电泳，样品的起点一致，便于比较。

（三）仪器、材料和试剂

1. 仪器/器具

垂直平板电泳槽、直流稳压电泳仪、移液器（1.0mL、200μL、20μL）、微量注射器（20μL）、烧杯、试管、滴管、直尺

2. 材料

待测分子量的蛋白质样品

3. 试剂

（1）10%十二烷基硫酸钠（SDS）（室温保存）。

（2）凝胶贮备液：取丙烯酰胺 29.2g、N,N′-亚甲基双丙烯酰胺 0.8g，加重蒸水至 100mL，4℃冰箱可保存一个月。

（3）分离胶缓冲液［1.5mol/L Tris-HCl（pH 8.8）］：18.15g Tris，加入约 80mL 重蒸水，用 1mol/L HCl 调 pH 到 8.8，用重蒸水定容至最终体积 100mL，4℃冰箱保存备用。

（4）浓缩胶缓冲液［0.5mol/L Tris-HCl（pH 6.8）］：6g Tris，加入约 60mL 重蒸水，用 1mol/L HCl 调 pH 到 6.8，用重蒸水定容至最终体积 100mL，4℃冰

箱保存备用。

(5) 2倍还原缓冲液：0.5mol/L Tris-HCl（pH 6.8）2.5mL，甘油2.0mL，质量浓度为10%的SDS 4.0mL，质量浓度为0.1%的溴酚蓝0.5mL，β-巯基乙醇1.0mL，总体积为10mL。

(6) 2倍非还原缓冲液：重蒸水1.0mL，0.5mol/L Tris-HCl（pH 6.8）2.5mL，甘油2.0mL，质量浓度10%的SDS 4.0mL，质量浓度为0.1%的溴酚蓝0.5mL，总体积为10mL。

(7) 电极缓冲液（pH 8.3）：取Tris 3g、甘氨酸14.4g、SDS 1.0g，加重蒸水至1000mL，4℃冰箱保存。

(8) 低分子量标准蛋白质开封后按说明溶于200μL重蒸水中，加200μL 2倍样品缓冲液，分装成20个小管，于−20℃保存。用前100℃沸水变性5min左右。

(9) 10%过硫酸铵：此溶液需现用现配。

(10) 1.5%琼脂：取1.5g琼脂粉加100mL重蒸水，加热至沸，未凝固前使用。

(11) 染色液：取0.25g考马斯亮蓝G-250，加入91mL 50%甲醇、9mL冰醋酸。

(12) 脱色液：取50mL甲醇、75mL冰醋酸与875mL重蒸水混合。

(13) N,N,N′,N′-四甲基乙二胺（TEMED）。

(四) 实验步骤

1. 将垂直平板电泳槽装好

用1.5%琼脂趁热注于电泳槽平板玻璃底部，以防漏液。

2. 分离胶的配制

(1) 按照蛋白质不同的分子量选用不同浓度的分离胶（表20-1）。

表20-1 分离胶选用标准

蛋白质分子量范围	分离胶含量/%	蛋白质分子量范围	分离胶含量/%
$<10^4$	>20～30	$>1\times10^5\sim5\times10^5$	>5～10
$1\times10^4\sim4\times10^4$	>15～20	$>5\times10^5$	2～5
$>4\times10^4\sim1\times10^5$	>10～15		

(2) 不同浓度分离胶的配制方法（表20-2）。

表20-2 分离胶的配制方法

分离胶含量/%	20	15	12	10	7.5
重蒸水/mL	0.75	2.35	3.35	4.05	4.85
1.5mol/L Tris-HCl(pH 8.8)/mL	2.5	2.5	2.5	2.5	2.5

续表

质量浓度为10%的SDS/mL	0.1	0.1	0.1	0.1	0.1
凝胶贮备液/mL	6.6	5.0	4.0	3.3	2.5
质量浓度为10%过硫酸铵/μL	50	50	50	50	50
TEMED/μL	5	5	5	5	5
总体积/mL	10	10	10	10	10

3. 分离胶的灌制

根据待测蛋白质样品的分子量选择合适的分离胶浓度，本实验选用血管内皮细胞生长因子（VEGF）为待测样品。用12%的分离胶，在15mL的试管中依次按表20-2中12%分离胶含量的顺序加入药品。由于加入TEMED后凝胶就开始聚合，故应立即混匀混合液，然后用滴管吸取分离胶，在电泳槽的玻璃板间小心灌注，留出4cm左右的空间以灌注浓缩胶。用滴管小心在溶液上覆盖一层水（或水饱和正丁醇），室温下静置1h左右，待分离胶聚合完全后，除去覆层，尽可能去除干净。

4. 浓缩胶的配制和灌制

一般用5%的浓缩胶，配制方法为：将重蒸水2.92mL、0.5mol/L Tris-HCl 1.25mL、10% SDS 0.05mL、凝胶贮备液0.8mL、10%过硫酸铵25μL、TEMED 5μL在试管中混匀，灌注在分离胶上，插入梳子，避免带入气泡，室温静置至浓缩胶完全聚合（约0.5h）。

5. 样品的制备

（1）标准蛋白质样品的制备：取出一装好20μL低分子量标准蛋白质的试管，放入沸水浴中加热5min，取出冷却至室温。

（2）待测蛋白质样品的制备：10μL VEGF加10μL 2倍还原缓冲液；10μL VEGF加10μL 2倍非还原缓冲液。在沸水浴中加热5min，取出冷却至室温。

6. 电泳

（1）待浓缩胶完全聚合后，取出梳子，用电极缓冲液洗涤加样孔数次，然后在电泳槽中加满电极缓冲液。

（2）用微量注射器按号向加样孔内上样。

（3）接上电泳仪，打开电泳仪电源开关，恒电流20～30mA，待蓝色的溴酚蓝移至下端1～1.5cm时，关上电源停止电泳。

7. 染色和脱色

将胶取出，放在一个大的培养皿中，在溴酚蓝条带的中心插一细钢丝作为标志。加染液染色1～2h后，换上脱色液，数小时更换一次直至背景接近无色即可。

（五）实验结果

用直尺分别量出标准蛋白质、待测蛋白质区带中心以及钢丝距分离胶顶端的距离，按公式(20-1) 计算相对迁移率：

$$相对迁移率=\frac{样品迁移距离(cm)}{染料迁移距离(cm)} \tag{20-1}$$

以标准蛋白质分子量（M_r）的对数对相对迁移率作图，得到标准曲线。根据待测蛋白质样品的相对迁移率，从标准曲线上查出其分子量。

（六）思考题

1. SDS-聚丙烯酰胺凝胶电泳与聚丙烯酰胺凝胶电泳原理上有何不同？
2. 你认为做好本实验的关键步骤有哪些。为什么？

实验二十一
蛋白质 DNS 分析法（DNS-Cl 膜色谱技术）

（一）实验目的

1. 掌握 DNS 分析法测定氨基酸的原理与方法。

2. 进一步熟悉薄膜色谱的操作。

（二）实验原理

荧光试剂二甲氨基萘磺酰氯即 DNS-Cl（Dansyl-Cl）能与所有氨基酸的氨基结合，生成荧光物质 DNS-氨基酸。DNS-Cl 也能与蛋白质或多肽的游离氨基结合，生成 DNS-蛋白质或 DNS-肽，经酸水解后释放出 DNS-氨基酸。

各种 DNS-氨基酸与聚酰胺薄膜形成氢键的能力不同，即在溶剂与聚酰胺薄膜之间的分配系数不一样。故可用聚酰胺薄膜色谱分离各种 DNS-氨基酸。DNS-氨基酸在 360nm 或 280nm 波长的紫外线照射下，发出黄色荧光，方便检测。

蛋白质和多肽经酸水解后，肽键断裂，生成游离氨基酸，所有氨基酸都能与 DNS-Cl 反应，所以 DNS-Cl 法可用于蛋白质或多肽氨基酸组成的微量分析。

在 pH 值过高的情况下，DNS-Cl 会发生水解生成副产物 DNS-NH_2、DNS-OH，它们在紫外灯下产生蓝色荧光，可以与 DNS-Cl 的黄色荧光区分开来。

（三）仪器、材料与试剂

1. 仪器/器具

展开槽、聚酰胺薄膜、电吹风、紫外灯、毛细管、真空干燥箱、具塞试管、水浴锅、水解管（硬质玻璃）

2. 材料

蛋白质或多肽样品（如胰岛素）、各种色谱纯标准氨基酸、三乙胺（重蒸）、0.2mol/L $NaHCO_3$ 溶液、5.7mol/L HCl（恒沸）、丙酮、甲醇

3. 试剂

（1）DNS-Cl-丙酮溶液：称取 250mg DNS-Cl 溶于 100mL 丙酮中，贮于棕色瓶中，置于冰箱中保存，一个月内稳定。

（2）展开溶液Ⅰ：88%甲酸：水＝1.5：100（体积比）。

（3）展开溶液Ⅱ：苯：冰醋酸＝9：1（体积比）。

（4）展开溶液Ⅲ：乙酸乙酯：甲醇：冰醋酸＝20：1：1（体积比）。

（5）展开溶液Ⅳ：0.05mol/L Na_3PO_4 溶液：乙醇＝3：1（体积比）。

（四）实验步骤

1. 标准氨基酸的 DNS 化

分别称取 2～3mg 的色谱纯标准氨基酸以及样品氨基酸，溶于 0.5mL 0.2mol/L 的 $NaHCO_3$ 溶液中，各取 0.1mL 于具塞试管中，加入 0.1mL DNS-Cl 丙酮溶液。检查 pH，必要时用三乙胺调 pH 值至 9.0～9.5，于室温（20℃左右）下放置 2～4h，用去离子水稀释 10 倍，存于暗处备用。也可直接使用商品 DNS-氨基酸。

2. DNS-蛋白质的制备与水解

称取 0.5mg 蛋白质样品置于具塞试管中，用少量蒸馏水溶解，加入 0.5mL 0.2mol/L 的 $NaHCO_3$ 溶液，再加入 0.5mL DNS-Cl 丙酮溶液，用三乙胺调 pH 值至 9.0～9.5，于室温（20℃左右）下放置 2～4h。反应完毕，真空抽去丙酮，用 5.7mol/L 恒沸盐酸转移至水解管，抽真空封管，110℃水解 18～24h。

开管后抽去盐酸，加少量蒸馏水，再抽干，重复 2～3 次除尽盐酸，得样品 1。临用前加几滴丙酮，进行色谱分离。

3. 蛋白质的水解及 DNS-水解氨基酸液的制备

取蛋白质样品 1～2mg 于水解管中，加 5.7mol/L 恒沸盐酸 50μL，110℃水解 18～24h。开管后抽去盐酸，加少量蒸馏水，再抽干，重复 2～3 次除尽盐酸。向水解管内加入 0.2mol/L 的 $NaHCO_3$ 溶液 50μL，再加入 50μL DNS-Cl 丙酮溶液，用三乙胺调 pH 至 9.0～9.5，于室温（20℃左右）下放置 2～4h。反应完毕，真空抽去丙酮，加 20μL 甲醇溶解，得样品 2，点样展开。

4. 聚酰胺薄膜的准备

将聚酰胺薄膜剪成 7cm×7cm 的方块，在距边缘 0.5cm 处画互为垂直的两条单线，交叉点为原点。若只做单向展开，则只画一条单线，在基线上每隔 1cm 画一点样点。

5. 点样

用微量注射器或毛细管取样 1 和样 2，分别点在不同位置上，点样直径应小于 2mm。若多次点样，则点一次，吹干一次。

6. 展开

将点好样的聚酰胺薄膜卷成圆筒形，样品侧在筒内，箍以线圈固定。放在小展开槽内（可在小干燥器内置一培养皿代替），槽内（培养皿）放入 5～10mL 展开溶液Ⅰ进行展开，以溶剂前沿到达距顶端 0.5cm 左右为止（约 20min），取出膜片，吹干。

进行双向展开时，在第一相展开完毕且完全吹干后（有时需晾过夜，才能充分吹干），将聚丙烯酰胺薄膜片转 90°，用展开溶液Ⅱ展开。为了区分 DNS-苏氨酸或 DNS-天冬氨酸与 DNS-谷氨酸，可在溶液Ⅱ展开后，吹干，接着用溶液Ⅲ沿同一方向展开，只需展开至一半高度即可。为了区分 ε-DNS-赖氨酸、α-DNS-组氨酸与 DNS-精氨酸，应在溶剂Ⅱ中展开后，吹干，接着在溶液Ⅳ中沿同一方向展开。

7. DNS-氨基酸的检测

展开结束后，取出薄膜，用吹风机吹干，在 360nm 波长或 280nm 波长的紫外线下检测，DNS-氨基酸呈黄色荧光。此外还有其他颜色的杂点，如 DNS-OH 显蓝色荧光等。

（五）实验结果

用样品的色谱图与标准 DNS-氨基酸色谱图相比较，样 1 可鉴别蛋白质样品中游离氨基酸的种类，样 2 可鉴别蛋白质样品中氨基酸的组成种类。

（六）思考题

影响膜色谱分离效果的因素有哪些？操作过程中应注意哪些方面？

蛋白质的结构与功能习题集

（一）单项选择题

1. 除甘氨酸外，构成人体蛋白质的氨基酸属于以下哪种氨基酸（　　）

A. D-β-氨基酸　　B. L-β-氨基酸

C. D-α-氨基酸　　D. L-α-氨基酸

E. L-γ-氨基酸

2. 溶液 pH 与某种氨基酸的 pI 一致时，该氨基酸在此溶液中的存在形式是（　　）

A. 兼性离子　　B. 非兼性离子

C. 带正电荷　　D. 带负电荷

E. 疏水分子

3. 蛋白质发生变性后的主要表现为（　　）

A. 溶解度降低　　B. 黏度降低

C. 分子量变小　　D. 不易被蛋白酶水解

E. 沉淀

4. 维系蛋白质一级结构的化学键是下列中的（　　）

A. 盐键　B. 疏水键　C. 氢键　D. 肽键　E. 二硫键

5. 在蛋白质分子中维系 α-螺旋和 β-折叠的化学键是（　　）

A. 肽键　B. 离子键　C. 氢键　D. 二硫键　E. 疏水键

6. 在正常生理 pH 的条件下，带正电荷的氨基酸是下列哪种（　　）

A. 丙氨酸　B. 赖氨酸　C. 酪氨酸　D. 色氨酸　E. 异亮氨酸

7. 蛋白质变性是由于（　　）

A. 蛋白质空间构象的破坏　B. 氨基酸组成的改变

C. 肽键的断裂　D. 蛋白质的水解

E. 氨基酸数量变化

8. 蛋白质的最大紫外吸收值一般在哪一波长附近（　　）

A. 260nm　B. 280nm　C. 240nm　D. 220nm　E. 268nm

9. 营养必需氨基酸只能由食物供应，下列哪种氨基酸是营养必需氨基酸（　　）

A. 丙氨酸　B. 异亮氨酸　C. 甘氨酸　D. 脯氨酸　E. 精氨酸

10. SDS-PAGE 电泳测定蛋白质的分子量的原理是（　　）

A. 在一定 pH 条件下所带净电荷的不同　B. 分子大小不同

C. 分子极性不同　D. 溶解度不同　E. 以上说法都不对

11. 下面关于蛋白质的一级结构与功能关系，叙述正确的是（　　）

A. 相同氨基酸组成的蛋白质，其功能一定相同

B. 一级结构中任一氨基酸的改变都会导致其生物活性消失

C. 一级结构越相近的蛋白质，其功能类似性越大

D. 来源于不同生物的同种蛋白质，其一级结构相同

E. 以上说法都不对

12. 蛋白质三级结构的维持最主要依靠下面的（　　）

A. 氢键　B. 疏水作用　C. 离子键　D. 范德瓦尔斯力　E. 二硫键

13. 通常蛋白质分子在 pH 大于其 pI 的溶液中（　　）

A. 不带电荷　B. 净电荷为零　C. 负电荷

D. 正电荷　E. 在电场作用下做布朗运动

14. 下面叙述蛋白质变性正确的是（　　）

A. 氨基酸组成发生改变

B. 氨基酸的排列顺序发生改变

C. 有肽键的断裂

D. 蛋白质分子的表面电荷和水化膜受到破坏

E. 蛋白质的空间结构受到破坏

15. 以下哪种方法可以获得不变性的蛋白质（　　）

A. 苦味酸沉淀　B. 重金属盐溶液沉淀　C. 三氯乙酸沉淀

D. 常温乙醇沉淀 E. 低温盐析

16. 蛋白质变性体现在结构上的变化是（　　）

A. 部分侧链基团的暴露　　B. 肽键发生断裂

C. 氨基酸残基发生化学修饰　　D. 加入小分子物质

E. 二硫键被拆开

17. 下列关于蛋白质特性的描述错误的是（　　）

A. 将溶液的 pH 调节到蛋白质 pI 时，蛋白质容易沉降

B. 盐析法分离蛋白质原理是通过中和蛋白质分子表面电荷，使蛋白质沉降

C. 蛋白质变性后，由于疏水基团暴露，水化膜被破坏，一定会发生沉降

D. 蛋白质不能透过半透膜，可用此方法将小分子杂质除去

E. 在同一 pH 溶液中，由于各种蛋白质 pI 不同，可用电泳将它们进行分离纯化

18. 下面维系蛋白质分子结构的作用力中，不是次级键的有（　　）

A. 氢键　B. 盐键　C. 疏水键　D. 范德瓦尔斯力　E. 二硫键

（二）多项选择题

1. 蛋白质变性时会发生（　　）

A. 一定会沉淀　B. 空间结构破坏，一级结构无改变

C. 溶解度降低　D. 生物学功能改变

E. 260nm 处光吸收减少

2. SDS-PAGE 时，蛋白质的泳动速度取决于（　　）

A. 蛋白质分子的形状　　B. 蛋白质的分子量

C. 蛋白质所在溶液的 pH　　D. 蛋白质所在溶液的离子强度

E. 蛋白质分子所带的电荷数

3. 血清中清蛋白的生理功能有（　　）

A. 免疫作用　B. 结合运输某些物质　C. 具有某些酶的作用

D. 维持胶体渗透压　E. 组成骨架结构

4. 组成蛋白质的基本元素主要有（　　）

A. 碳　B. 氢　C. 磷　D. 氧　E. 氮

5. 关于肽键的下列描述，其中正确的是（　　）

A. 具有部分双键性质　　B. 可被蛋白酶分解

C. 是蛋白质分子中的主要共价键　D. 是一种比较稳定的酰胺键

E. 键长介于单、双键之间

实验二十二　哺乳动物基因组 DNA 的提取

（一）实验目的

通过本实验了解并掌握提取基因组 DNA 的原理和步骤，以及分子量较大的 DNA 的琼脂糖凝胶电泳技术。

（二）实验原理

在乙二胺四乙酸（EDTA）和十二烷基硫酸钠（SDS）等去污剂的存在下，用蛋白酶 K 消化细胞，随后用酚抽提，可以得到基因组 DNA。用此方法得到的 DNA 长度为 100～150kb，适用于 λ 噬菌体构建基因组文库和 Southern 分析。

（三）仪器、材料和试剂

1. 仪器/器具

离心机、匀浆器、灭菌锅、水浴锅、1.5mL 离心管、微量取样器、无菌过滤器、10mL 注射器

2. 材料

（1）鼠肝。

（2）酶解液：200mmol/L Tris-HCl（pH 值为 8.0），50mmol/L EDTA（pH 值为 8.0），200μg/mL 蛋白酶 K，1%十二烷基硫酸钠（SDS）。

（3）平衡酚（pH 值为 8.0）-氯仿-异戊醇（体积比为 25∶24∶1）。

（4）无 DNA 酶的 RNA 酶（RNase）：将胰 RNA 酶溶于 10mmol/L Tris-HCl（pH 值为 7.5）、15mmol/L NaCl 溶液中，浓度为 10mg/mL，于 100℃水浴中处理 15min 以降解 DNA 酶，缓慢冷却至室温，−20℃下保存。

（5）5mol/L NaCl 溶液，需高压灭菌。

（6）3mol/L NaAc 溶液（pH 值为 5.2），需高压灭菌。

3. 试剂

（1）TE 缓冲液：10mmol/L Tris-HCl（pH 值为 8.0），25mmol/L EDTA（pH 值为 8.0），高压灭菌。

（2）组织匀浆液：100mmol/L NaCl，10mmol/L Tris-HCl（pH 值为 8.0），25mmol/L EDTA（pH 值为 8.0）。

（3）λDNA/*Eco*RⅠ＋*Hin*dⅢ分子量标准物片段（bp）21227、5148、4973、4268、3530、2027、1904、1584、1315、947、831、564。

（4）6×上样缓冲液：0.25%溴酚蓝，40%（g/mL）蔗糖水溶液。

（5）5×TBE：5.4g Tris，2.75g 硼酸，2mL 0.5mol/L EDTA（pH 值为 8.0），加水到 100mL。

（6）氯仿-异戊醇（体积比为 24∶1）。

（7）生理盐水：0.9% NaCl 溶液。

（8）无水乙醇。

（9）75%乙醇。

（10）Goldview 染色液。

（四）实验步骤

本实验在无液氮的条件下制备鼠肝 DNA，与有液氮条件下相比，产量和质量都有所下降。整个操作过程中，应尽量避免 DNA 酶的污染，且动作应温和，以减少对 DNA 的机械损伤。

（1）取 0.2g 鼠肝，用低温生理盐水洗 3 次，然后加入 2.0mL 匀浆液中。用玻璃匀浆器匀浆至无明显的组织块存在（冰浴操作，切勿使细胞破碎，可镜检观察）。

（2）将组织细胞转移至 1.5mL 离心管中，离心（5000r/min）30～60s（尽可能在低温下操作），弃上清液。若沉淀中血细胞较多，可再加入 5 倍于细胞体积的匀浆液洗一次。

（3）沉淀加 0.8mL 无菌水迅速吹散，分两管，再加 0.4mL 酶解液，翻转混匀（动作一定要轻），55℃下水浴处理 12～18h。

（4）沉淀加 RNase 至终浓度为 200μg/mL，37℃下水浴 1h。

（5）加入等体积平衡酚-氯仿-异戊醇抽提一次（慢慢旋转混匀，倾斜使两相接触面积增大）。在 4℃下，离心（10000r/min）10min。

（6）有时由于 DNA 含量过高，水相在下层，实验时应注意观察。用扩口吸头移出含 DNA 的水相（注意勿吸出界面中蛋白质沉淀），加等体积氯仿-异戊醇，在 4℃下离心（10000r/min）10min。若界面或水相中蛋白含量多，可重复步骤（5）、（6）。

（7）用扩口吸头小心吸出上层含 DNA 的水相，加 1/10 体积的 NaAc 溶液，小心充分混匀，再向每管中加入 2.5 倍体积的无水乙醇，－20℃下过夜。

（8）离心（12000r/min）15min，弃上清液，用 75%冷乙醇洗涤一次，离心（12000r/min）15min，室温下干燥（不要太干，否则 DNA 不易溶解），加入适量 TE 缓冲液，4℃下轻摇溶解过夜，即可得到实验动物基因 DNA。

（9）电泳鉴定 DNA，由于基因组 DNA 分子量较大，用 0.3%的琼脂糖电泳鉴定，先在底部铺一层 1%的支持胶，凝固后再铺上一层 0.3%的凝胶，插上梳子

(梳子不能碰到支持胶)，置于 5XTBE 缓冲液中。取 1.5μL 溶解的 DNA、1μL 上样缓冲液和 35μL 无菌水混匀后小心上样（可在另一孔加入 DNA 分子量标准物）观察基因组 DNA 的大小。用 Goldview 染色观察结果，操作应十分小心，胶很容易破碎。

(五) 实验结果

提取得到的 DNA 应为一条带，如 DNA 降解会出现弥散带型。根据紫外灯下的观察结果绘图（图 22-1）。

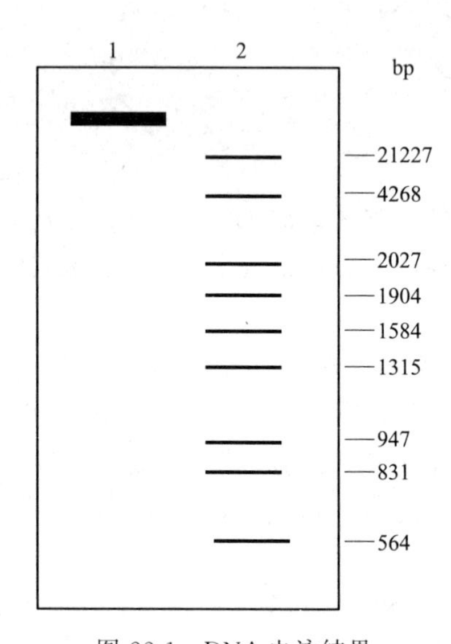

图 22-1　DNA 电泳结果

1—提取的基因组 DNA；2—DNA 分子量标准物（λDNA/*Eco*RⅠ+*Hin*dⅢ）

(六) 思考题

1. 动物 DNA 提取实验中 SDS 的作用是什么？
2. 得到的 DNA 水相加入无水乙醇后，为什么在－20℃下过夜放置？
3. DNA 的电泳检测中，点样操作应注意什么？

实验二十三　植物基因组 DNA 的提取

（一）实验目的

学习从植物组织中提取 DNA 的方法。

（二）实验原理

脱氧核糖核酸（Deoxyribonucleic acid，简称 DNA）是一切生物细胞的重要成分，主要存在于细胞核中，盐溶法是提取 DNA 的常规技术之一。从细胞中分离得到的 DNA 是与蛋白质结合的 DNA，其中还含有大量 RNA，即核糖核蛋白。如何有效地将这两种核蛋白分开是技术的关键。DNA 不溶于 0.14mol/L NaCl 溶液中，而 RNA 能溶于 0.14mol/L NaCl 溶液中，利用这一性质就可以将两者从破碎细胞浆液中分开。制备过程中，细胞破碎的同时就有脱氧核糖核酸酶（DNase）释放到提取液中，使 DNA 降解而影响得率。在提取缓冲液中加入适量的柠檬酸盐和 EDTA，既可抑制酶的活性，又可使蛋白质变性而与核酸分离。再加入 0.15%的含阴离子去垢剂的十二烷基硫酸钠（SDS）或氯仿-异戊醇，离心使蛋白质沉淀而除去，得到含有核酸的上清液。然后可用 95%的预冷乙醇把 DNA 从上清液中沉淀出来。

（三）仪器、材料和试剂

1. 仪器/器具

紫外分光光度计、磨口三角瓶、刻度试管、研钵

2. 材料

去胚乳的小麦芽（或其他植物幼嫩组织）

3. 试剂

（1）研磨缓冲液：将 59.63g NaCl、13.25g 柠檬酸三钠、37.2g 乙二胺四乙酸（EDTA）二钠盐分别溶解后混合，用 0.2mol/L NaOH 溶液调 pH 值至 7.0，并定容至 1000mL。

（2）10×SSC 溶液：将 87.66g NaCl 和 44.12g 柠檬酸三钠，分别溶解于蒸馏水中，混合后定容至 1000mL。

（3）1×SSC 溶液：用 10×SSC 溶液稀释 10 倍。

（4）0.1×SSC 溶液：用 1×SSC 溶液稀释 10 倍。

（5）RNase 溶液：用 0.14mol/L NaCl 溶液配制 25mg/mL 酶液，用 1mol/L 盐酸调整 pH 值至 5.0。使用前在 80℃水浴中处理 5min（以破坏可能存在的 DNase）。

（6）氯仿-异戊醇：按 24mL 氯仿和 1mL 异戊醇的比例混合。

（7）5mol/L 高氯酸钠溶液：称取 $NaClO_4 \cdot H_2O$ 0.23g，先加入少量蒸馏水溶解，再定容至 100mL。

（8）SDS 的重结晶：将 SDS 放入无水乙醇中达到饱和为止，然后在 70～80℃的水浴中溶解，趁热过滤，冷却之后即将滤液放入冰箱，待结晶出现再在室温下晾干待用。

（9）95%乙醇。

（四）实验步骤

（1）称取去胚乳的小麦芽 10g（或其他植物幼嫩组织），剪碎后置研钵中，加 10mL 预冷研磨缓冲液并加入 0.1g 左右的 SDS，置冰浴上研磨成糊状。

（2）将匀浆液转入 25mL 刻度试管中，加入等体积的氯仿-异戊醇混合液，加上塞子，上下翻转混匀，将混合液转入离心管，静置片刻以脱除组织蛋白质。离心（4000r/min）5min。

（3）吸取上清液至刻度试管中，弃去中间层的细胞碎片、变性蛋白质及下层的氯仿。

（4）将试管置于 72℃水浴中保温 3min（不超过 4min），以灭活组织中的 DNA 酶。然后迅速取出试管置冰水浴中冷却到室温，加入 5mol/L 高氯酸钠溶液（提取液与高氯酸钠溶液体积比为 4∶1），使溶液中高氯酸钠的最终浓度为 1mol/L。

（5）再次加入等体积氯仿-异戊醇至大试管中，振荡 1min，静置后在室温下离心（4000r/min）5min 后，取上清液置于小烧杯中。

（6）用滴管吸取 95%的预冷乙醇，慢慢地加入烧杯中上清液的表面上，直至乙醇的体积为上清液的两倍，用玻璃棒轻轻搅动。此时核酸迅速以纤维状沉淀缠绕在玻璃棒上。

（7）将核酸沉淀物在烧杯内壁上轻轻挤压，以除去乙醇，先用 5mL 0.1×SSC 溶液溶解，然后加入 0.5mL 左右的 10×SSC，使最终浓度为 1×SSC。

（8）重复步骤（6）和步骤（7），即得到 DNA 的粗制品。

（9）加入已处理的 RNase 溶液，使其最后的作用浓度为 50～70μg/mL，并在 37℃水浴中保温 30min，以除去 RNA。

（10）加入等体积的氯仿-异戊醇混合液，在磨口三角瓶中振荡 1min，再除去残留蛋白质及所加 RNase 蛋白，在室温下离心（4000r/min）5min，收集上层水溶液。

再按步骤（6）、（7）处理，即可得到纯化的 DNA 液［若没有步骤（8）～（10），则得到的是粗制品]。

(五) 实验结果

电泳检测（参见实验二十五）。

(六) 思考题

如果要提取基因组大片段的DNA分子，操作中应注意什么?

实验二十四　应用 PCR 技术扩增 DNA 分子

(一) 实验目的

1. 通过本实验初步掌握 PCR 反应的基本原理。
2. 熟练掌握 PCR 编程与操作技术。

(二) 实验原理

PCR 反应是聚合酶链式反应的英文缩写（Polymerase chain reaction）。该方法是体外酶促合成特异 DNA 片段的方法，主要由高温变性、低温退火和适温延伸三个步骤反复循环构成。变性反应步骤是指在高温（如 95℃）下，待扩增的靶 DNA 双链受热变性成为两条单链 DNA 模板；而后经过低温退火过程，一般在 37～55℃条件下，两条人工合成的寡核苷酸引物与互补的单链 DNA 模板结合，形成部分双链；适温延伸过程是指在 *Taq* DNA 聚合酶的最适温度（72℃）下，以引物的 3′端为合成起点，以单核苷酸（dNTP）为底物，沿 DNA 模板，以 5′至 3′方向合成 DNA 新链。这样，每一双链的 DNA 模板，经过一次变性、退火和延伸三个步骤的循环，就会形成两条双链 DNA 分子。如此反复进行，每一次循环所产生的 DNA 分子均能成为下一次循环的模板，PCR 产物得以 2^n 形式迅速扩增，经过 25～30 个循环后，理论上可使 DNA 模板分子扩增 10^9 倍以上。

(三) 仪器、材料与试剂

1. 仪器/器具

PCR 热循环仪、微量移液器、琼脂糖凝胶电泳系统、PCR 管（0.2mL 或 0.5mL）、吸头、小离心管（1mL 或 0.5mL）、一次性手套

2. 材料

DNA 模板、4 种 DNTP、*Taq*DNA 聚合酶、氯化钾（KCl）、氯化镁（$MgCl_2$）、三羟甲基氨基甲烷（Tris）、琼脂糖、明胶、DNA 标记物（Marker）、石蜡油、Goldview

引物 1：5′-GTGGGGCGCCCCAGGCACCA-3′

引物 2：5′-CTCCTTAATGTCACGCACGATTTC-3′

3. 试剂

（1）10×缓冲液　1mL

500mmol/L KCl

100mmol/L Tris-HCl（pH8.3，室温）

15mmol/L $MgCl_2$

0.1%明胶

（2）4×dNTP　0.5mL

1mmol/L dATP

1mmol/L dGTP

1mmol/L dCTP

1mmol/L dTTP

（3）DNA 模板　1ng/μL　0.8mL

（4）引物溶液浓度 10pmol/L 各 0.16mL

（5）25mmol/L $MgCl_2$

（四）实验步骤

1. 反应体系配制

在 0.5mL PCR 管中配制 50μL 反应体系，如表 24-1 所示。

表 24-1　50μL 反应体系各试剂添加量

试剂	添加量/μL
10×缓冲液	5
2.5mmol/L dNTP	4
25mmol/L $MgCl_2$	3
引物 1	2
引物 2	2
模板 DNA	10
Taq DNA 聚合酶	2(1～2U)
双蒸水	22
混匀，加 50μL 石蜡油	

2. 扩增

首先，94℃预变性 5min；接着开始循环反应，每一个循环由变性、复性和延伸步骤组成。94℃变性 1min，52℃复性 1min，72℃延伸 1min，循环次数为 35 次。最后一个步骤，72℃延伸 10min。

3. 琼脂糖凝胶电泳分析 PCR 结果

配制 2%琼脂糖凝胶，称取 0.6g 琼脂糖于 100mL 烧杯中，加入 30mL TBE 缓冲液，在微波炉中加热溶解，待完全溶解后室温下放置冷却至 60℃左右，加入 3μL Goldview，混匀。取 10μL 扩增产物电泳。保持电流 40mA。电泳结束后，用

Goldview 染色，紫外灯下观察结果。（具体实验步骤可参考实验二十五）

（五）实验结果

本实验扩增片段长为 1300bp（图 24-1）。

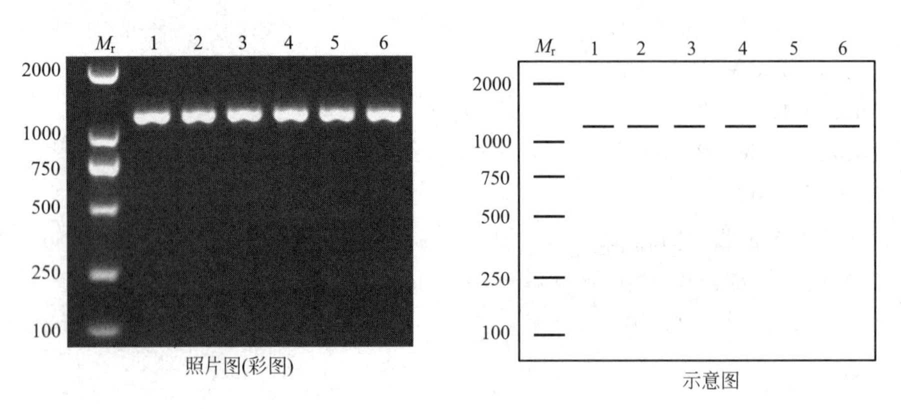

图 24-1 PCR 扩增片段实验结果参考

M_r—DNA 分子量标准（没有模板 DNA）；1～6—10μL DNA 样品

（六）思考题

1. PCR 反应的基本原理是什么？

2. PCR 反应中引物的设计十分重要，在引物设计方面有什么需要注意的？

3. PCR 反应中用作 DNA 扩增的 DNA 聚合酶是一种什么性质的酶？它有什么作用特点？

4. 检测 PCR 反应结果，发现出现非特异性扩增带，试分析原因。

实验二十五　DNA 的琼脂糖凝胶电泳

（一）实验目的

掌握琼脂糖凝胶电泳的方法和原理。

（二）实验原理

凝胶电泳是分离与测定生物大分子的一项重要技术，琼脂糖凝胶电泳或聚丙烯酰胺凝胶电泳是分离鉴定及纯化 DNA 片段的标准方法。该技术操作简单、快速，可以分辨出其他方法不能分辨的 DNA 片段。DNA 溶液在 pH 值为 8.0 时带负电，在电泳电场中向正极移动，用聚丙烯酰胺分离小片段 DNA（5～500bp）效果最好，其分辨力极高，相差 1bp 的 DNA 片段都能分开。琼脂糖凝胶的分辨能力虽低，但其分离的范围较广，可以分离长度为 200～50000bp 的 DNA。本实验采用的是琼脂糖凝胶电泳，它常用于按分子量大小分离 DNA 片段的情况，小片段比大片段迁移快，在不同浓度的凝胶上，DNA 片段迁移的速率也不相同，凝胶浓度越大，凝胶的纤维网孔越密，就越能有效地分离不同分子量的分子，尤其是分离分子量小的分子。利用溴酚蓝染色剂可以判断电泳迁移距离，电泳时间不能过长，否则迁移速率快的小分子量 DNA 片段会进入缓冲液。观察琼脂糖凝胶中的 DNA 片段最简便的方法是利用荧光染料溴化乙锭（或其替代品 Goldview）进行染色，溴化乙锭可以嵌入 DNA 的堆积碱基之间的一个平面基团，从而与 DNA 结合，并呈现荧光，显示出不同分子量的 DNA 带图谱，用已知大小的标准样品与未知片段的迁移距离相比较，就可以确定未知 DNA 分子量的大小。

（三）仪器、材料和试剂

1. 仪器/器具

电泳仪、电泳槽、微量加样器（25μL）、烧杯、电炉

2. 材料

待检测 DNA 样品

3. 试剂

（1）5×TBE 缓冲液（5 倍的 Tris-硼酸-EDTA 缓冲液）。称取 27g Tris 和 13.75g 硼酸，置于盛有适量蒸馏水的烧杯中，再加入 10mL 0.5mol/L EDTA 缓冲

液（pH 值为 8.0），转移至 500mL 容量瓶中，洗涤烧杯 2～3 次，也转移至容量瓶，加水定容，摇匀即可。使用时，要用蒸馏水稀释 10 倍，称为 TBE 稀释缓冲液（0.5×TBE，或稀释一倍的 TBE 缓冲液）。

（2）琼脂糖。

（3）Goldview。

（4）DNA 标记物（Marker）。

（四）实验步骤

1. 琼脂糖凝胶板的制备

（1）琼脂糖凝胶的制备

称取 0.3g 琼脂糖于 100mL 烧杯中，加入 30mL TBE 缓冲液，在微波炉中加热溶解，待完全溶解后室温下放置冷却至 60℃左右。加入 3μL Goldview，混匀。

（2）板的制备

将上述冷却至 60℃左右的琼脂糖凝胶液倒入水平放置的制胶模具中，放上梳齿。待胶凝固后取出梳齿，将胶板放入电泳槽中，胶面应浸没在 TBE 缓冲液液面以下 2～3mm。

将冷却至 60℃的琼脂糖凝胶液小心地倒进有机玻璃内槽，使胶液缓慢地展开，直到在整个有机玻璃板表面形成均匀的胶层为止。在室温下静置 1h，待凝固完全后，取下橡皮膏，将铺胶的有机玻璃内槽放在电泳槽中，倒入 TBE 稀释缓冲液，直至浸没过胶面 2～3mm。双手轻轻地且用力均匀地拔出样品槽模板，在胶板上即形成相互隔开的样品槽。

2. 加样

用微量加样器按表 25-1 配制样品。

表 25-1　各试剂加样量

试剂	孔 1(泳道 1)	孔 2(泳道 2)
分子量标准的 Marker/μL	5	0
DNA 样品/μL	0	5
点样液/μL	1	1

3. 电泳

加完样品后的凝胶板立即通电，在 150V 电压下电泳 20～30min。在低电压条件下，线性 DNA 片段的迁移速率与电压成正比例关系，但是，在电场强度增加时，不同分子量的 DNA 片段泳动速率的增加是有区别的，因此，随着电压的增加，琼脂糖凝胶的有效分离范围随之减小。为了获得电泳分离 DNA 片段的最大分辨率，电场强度不应高于 5V/cm。

电泳温度视需要而定，对大分子的分离，以低温为好，也可在室温下进行。在琼脂糖凝胶浓度低于0.5%时，由于胶太稀，最好在4℃下进行电泳，以增加凝胶硬度。

4. 观察和拍照

在波长为254nm的紫外灯下，观察染色后的电泳凝胶。存在DNA的地方显示出红色的荧光条带。用紫外线激发30s左右，肉眼可观察到清晰的条带。在紫外灯下观察时，应戴上防护眼镜或有机玻璃防护面罩，避免眼睛遭受强紫外线的损伤。

拍摄电泳图谱时，应采用透射紫外线，照相机镜头加近摄圈和红色滤光片（580～600nm），距离为50～60cm，采用全色胶卷，光圈为5.6，曝光时间为10～20s，可根据荧光条带的深浅进行选择。将电泳图谱放大为0.9cm×1.5cm的照片，用于分子量的测定。以上步骤可以用凝胶自动成像仪处理代替。

（五）实验结果

根据电泳结果，绘制DNA分子量的标准曲线。

标准曲线的绘制是在放大的电泳照片上，用卡尺量出λDNA的*Eco*RⅠ或*Hin*dⅢ酶解各片段的迁移距离，以cm为单位。以λDNA酶解各片段的分子量的对数为纵坐标，以它们的迁移距离为横坐标，在坐标纸上绘制出连接各点的曲线，即为测定DNA分子量的标准曲线。

（六）注意事项

1. DNA分子的大小与电泳迁移率的关系

DNA分子通过琼脂糖凝胶的速率（电泳迁移率）与其分子量的常用对数成反比。

2. 琼脂糖的浓度与电泳迁移率的关系

一定大小的DNA片段在不同浓度的琼脂糖凝胶中，电泳迁移率不相同。因此，要有效地分离大小不同的DNA片段，选用适当的琼脂糖凝胶浓度是非常重要的，可参看表25-2。

表25-2　琼脂糖凝胶浓度与DNA片段大小的关系

琼脂糖凝胶浓度/%	DNA/kb
0.3	5～60
0.6	1～21
0.7	0.8～10
0.9	0.5～7
1.2	0.4～6
1.5	0.2～4
2.0	0.1～3

3. 琼脂糖浓度与电压的关系

研究琼脂糖凝胶电泳分离大分子 DNA 的条件时发现，低浓度和低电压时的分离效果较好。胶的浓度越低，适于分离的 DNA 分子越大，这是一个总的规律。如果浓度太低，则制胶有困难，且电泳结束后将胶取出时也有困难。在低电压情况下，线性 DNA 分子的电泳迁移率与所用电压成正比，但是如果电压增高，电泳分辨力反而下降。因为电压升高了，样品流动速率会增快，大分子在高速流动时，分子伸展开来会使摩擦力增加，这样分子量与移动速率就不一定呈线性关系了。

4. 核酸构型与琼脂糖凝胶电泳分离的关系

在分子量相当的情况下，DNA 的电泳速率次序如下：共价闭合环 DNA＞直链 DNA＞开环的双链环状 DNA。但当琼脂糖浓度太高时，环状 DNA（一般为球形）不能进入胶中，相对迁移率为 0（$m_R=0$），而同样大小的直线双链 DNA（刚性棒状）可以按长轴方向前进（$m_R>0$）。由此可见，构型不同，在凝胶中电泳速率的差别就较大，RNA 也同样如此。

（七）思考题

1. 琼脂糖凝胶电泳点样操作注意事项有哪些？
2. 电泳过程中怎样选择合适的电压，以得到更清晰的电泳结果？

实验二十六　酵母 RNA 的分离与组分鉴定

（一）实验目的

1. 掌握用稀碱法分离酵母 RNA 的原理与操作过程，学习离心机的使用方法。
2. 了解 RNA 的化学组成，并掌握定性鉴定的基本原理与具体方法。

（二）实验原理

由于 RNA 的来源和种类很多，因而提取制备方法也各异，一般有苯酚法、去污剂法、稀碱法、浓盐法和盐酸胍法。

其中苯酚法是实验室最为常用的。组织匀浆用苯酚处理并离心后，RNA 即溶于上层被苯酚饱和的水相中，DNA 和蛋白质则留在苯酚层中，向水层加入乙醇后，RNA 即以白色絮状沉淀析出。此法能较好地去除 DNA 和蛋白质，提取的 RNA 具有生物活性。

酵母细胞富含核酸，且核酸主要是 RNA，含量为干菌体的 2.67％～10.0％，而 DNA 含量较少，仅为 0.03％～0.516％。为此，提取 RNA 多以酵母为原料。工业上制备 RNA 多选用成本低、适于大规模操作的稀碱法或浓盐法。这两种方法所提取的核酸均为变性的 RNA，主要用作制备单核苷酸的原料，其工艺比较简单。

稀碱法是用氢氧化钠使酵母细胞壁变性、裂解，然后用酸中和，离心除去蛋白质和菌体后，用乙醇沉淀上清液中的 RNA 或调 pH 值至 2.5 利用等电点沉淀，即可得到 RNA 的粗制品。提取的 RNA 有不同程度的降解。浓盐法是用高浓度盐溶液处理，同时加热，以改变细胞壁的通透性，使核酸从细胞内释放出来。

RNA 含有核糖、嘌呤碱/嘧啶碱和磷酸各组分。加硫酸煮可使 RNA 水解，在水解液中可用定糖、加钼酸铵沉淀（或用定磷法）和加银沉淀等方法测出上述组分的存在。①嘌呤碱与硝酸银作用产生白色的嘌呤银化合物沉淀。②地衣酚显色法：核糖核酸与浓盐酸共热时，即发生降解，形成的核糖继而转变为糠醛，后者与地衣酚（3,5-二羟基甲苯）反应呈鲜绿色，该反应需用三氯化铁或氯化铜作催化剂。③磷酸与钼酸铵试剂作用产生黄色的磷钼酸铵沉淀[$(NH_4)_3PO_4 \cdot 12MoO_3$]。

（三）仪器、材料和试剂

1. 仪器/器具

天平、烧杯（100mL）、吸量管（0.2mL、1mL、2.0mL）、量筒（10mL、

50mL)、滴管、干燥箱、恒温水浴锅、离心机、布氏漏斗

2. 材料

干酵母粉、0.2%氢氧化钠溶液、95%乙醇、乙酸、无水乙醚、10%硫酸溶液、0.1mol/L硝酸银溶液、浓氨水、石蕊试纸

3. 试剂

(1) 三氯化铁-浓盐酸溶液：将2mL 10%三氯化铁（$FeCl_3 \cdot 6H_2O$）溶液加入400mL浓盐酸中。

(2) 地衣酚-乙醇溶液：称取6g地衣酚，溶于100mL 95%乙醇。

(3) 钼酸铵试剂：将2g钼酸铵溶解在100mL 10%硫酸溶液中。

（四）实验步骤

1. 酵母RNA的提取

称取4g干酵母粉，置于100mL烧杯中，加入40mL 0.2%氢氧化钠溶液，在沸水浴中加热30min，不断搅拌。冷却，然后加入数滴乙酸溶液使提取液呈酸性(用石蕊试纸检测)；以4000r/min离心10～15min后，向上清液中慢慢加入10mL 95%乙醇洗涤2次，边加边轻轻搅拌，待RNA完全沉淀，以4000r/min离心10min，弃去上清液，保留沉淀。沉淀再用无水乙醚洗2次（每次10mL），洗涤时可用细玻棒小心搅动沉淀，离心10min后，保留沉淀，于80℃干燥，称量所得RNA粗品的质量并计算得率。

2. RNA组分鉴定

(1) 水解RNA：取0.5～1g提取的核酸，加入10%硫酸溶液10mL，沸水浴加热10min制成水解液。

(2) 嘌呤碱的检测：取一支试管，加入1mL水解液，加入过量浓氨水（约2mL)。然后加入1mL 0.1mol/L硝酸银溶液，观察有无嘌呤碱银化合物沉淀。

(3) 核糖的检测：取一支试管，加入水解液1mL、三氯化铁-浓盐酸溶液2mL和地衣酚-乙醇溶液0.2mL。沸水浴10～15min。注意观察溶液是否变成绿色。

(4) 磷酸的检测：取一支试管，加入2mL水解液，然后加入5滴硝酸银溶液和1mL钼酸铵试剂，摇匀后在沸水浴中加热，观察有无黄色磷钼酸铵沉淀。

（五）实验结果

RNA提取率按照公式(26-1）计算。

$$\text{RNA提取率}=\frac{\text{RNA质量(g)}}{\text{干酵母粉质量(g)}}\times 100\% \qquad (26\text{-}1)$$

（六）注意事项

1. 稀碱法提取的RNA为变性RNA，可用于RNA组分鉴定及单核苷酸制备，

不能作为 RNA 生物活性实验材料。

2. 利用等电点控制 RNA 析出时，应严格控制 pH 值。

3. 地衣酚反应特异性较差，脱氧核糖及核糖均有此反应。因此，地衣酚实验不能作为 RNA 与 DNA 鉴别的依据。

（七）思考题

1. 所得 RNA 是否是纯品？如何进一步纯化？
2. 在酵母 RNA 的提取实验中，95%乙醇有什么作用？
3. 若要鉴定 DNA 水解液的组分，应如何进行实验？
4. 现有三瓶未知溶液，已知它们分别为蛋白质、糖和 RNA，采用什么试剂和方法鉴定？请自行设计简便的实验。

核酸的结构与功能习题集

（一）单项选择题

1. 下列哪种碱基只存在于 RNA 而不存在于 DNA（　　）
   A. 尿嘧啶　B. 腺嘌呤　C. 胞嘧啶　D. 鸟嘌呤　E. 胸腺嘧啶
2. 核酸对紫外线的最大吸收峰在哪一波长附近（　　）
   A. 280nm　B. 260nm　C. 200nm　D. 340nm　E. 220nm
3. DNA T_m 值较高是由下列哪组核苷酸含量较高所致（　　）
   A. G+A　B. C+G　C. A+T　D. C+T　E. A+C
4. DNA 变性是指（　　）
   A. 分子中磷酸二酯键断裂
   B. 多核苷酸链解聚
   C. DNA 分子由超螺旋→双链双螺旋
   D. 互补碱基间氢键的断裂
   E. DNA 分子中碱基丢失
5. 下列哪个是核酸的基本结构单位（　　）
   A. 核苷　B. 磷酸戊糖　C. 单核苷酸
   D. 多聚核苷酸　E. 以上都不是
6. 组成 DNA 分子的磷酸戊糖是（　　）
   A. 3′-磷酸脱氧核糖　B. 5′-磷酸脱氧核糖　C. 3′-磷酸核糖
   D. 2′-磷酸核糖　E. 5′-磷酸核糖
7. 下列哪种物质是在蛋白质合成中作为直接模板（　　）

A. DNA　B. RNA　C. mRNA　D. rRNA　E. tRNA

8. 酪氨酸 tRNA 的反密码子是 5′-GUA-3′，其能辨认的 mRNA 上的相应密码子是（　）

A. GUA　B. AUG　C. UAC　D. GTA　E. TAC

9. 关于 DNA 二级结构的论述下列哪项是错误的（　）

A. 两条多核苷酸链互相平行方向相反

B. 两条链碱基之间形成氢键

C. 碱基按 A-T 和 G-C 配对

D. 磷酸和脱氧核糖在内侧，碱基在外侧

E. 围绕同一中心轴形成双螺旋结构

10. 核酸大小的表示方法不包括（　）

A. 沉降系数　B. 分子量　C. 分子长度

D. 分子体积　E. 碱基对数目

11. 关于 DNA，以下描述不正确的是（　）

A. 腺嘌呤与胸腺嘧啶物质的量相等

B. 鸟嘌呤与尿嘧啶物质的量相等

C. 同一生物的不同器官 DNA 碱基组成相同

D. 同一个体年龄增长但 DNA 碱基组成不变

E. 鸟嘌呤与胞嘧啶物质的量相等

（二）多项选择题

1. DNA 分子中的碱基组成符合以下规则（　）

A. A+C=G+T　B. C=G　C. A=T

D. C+G=A+T　E. A=C

2. DNA 水解后可得到下列哪些最终产物（　）

A. 磷酸　B. 核酸　C. 腺嘌呤、鸟嘌呤

D. 胞嘧啶和尿嘧啶　E. 胸腺嘧啶

3. DNA 二级结构特点有（　）

A. 两条多核苷酸链反向平行围绕同一中心轴构成双螺旋

B. 以 A-T，G-C 方式形成碱基配对

C. 双链均为右手螺旋

D. 链状骨架由脱氧核糖和磷酸组成

E. 碱基对间均形成一对氢键

4. 影响 T_m 值的因素有（　）

A. 一定条件下核酸分子越长，T_m 值越大

B. DNA 中 G-C 含量高，则 T_m 值高

C. 溶液离子强度高，则 T_m 值高

D. DNA 中 A、T 含量高，则 T_m 值高

E. 一定条件下核酸分子越短，T_m 值越大

5. 下列哪些是维系 DNA 双螺旋的主要原因（　　）

A. 盐键　　B. 磷酸二酯键　　C. 疏水键

D. 氢键　　E. 碱基堆砌作用

实验二十七　酶的特性

本实验由温度对酶活力的影响、pH 对酶活力的影响、唾液淀粉酶的活化和抑制、酶的专一性 4 组实验组成。

一、温度对酶活力的影响

(一) 实验目的

1. 了解温度对酶活力的影响作用。
2. 学习定性测定唾液淀粉酶活性的简单方法。

(二) 实验原理

化学反应速率一般都受温度影响，反应速率随温度的升高而加快，但在酶促反应中，随着温度的升高，酶会因热变性而失活，从而使反应速率减慢，直至酶完全失活。因此在较低的温度范围内，酶促反应速率随温度升高而增大，超过一定温度后，反应速率反而下降，以反应速率对温度作图可得到一条钟形曲线，曲线的顶点对应的温度称为酶作用的最适温度（Optimum temperature），此温度对应的酶促反应速率最大。大多数动物酶的最适温度为 37～40℃，植物酶的最适温度为 50～60℃。低温能降低或抑制酶的活性，但不能使酶失活。

唾液淀粉酶是动物唾液中含有的一种有催化活性的蛋白质，可以催化淀粉水解为糊精、麦芽糖和葡萄糖。淀粉和可溶性淀粉遇碘呈蓝色，糊精按其分子的大小，遇碘可呈蓝色、紫色、暗褐色或红色，最简单的糊精遇碘不呈颜色，麦芽糖和葡萄糖遇碘也不呈色。在不同温度下，淀粉被唾液淀粉酶水解的程度（可反映酶活力的大小）可由水解混合物遇碘呈现的颜色来判断。

(三) 仪器、材料与试剂

1. 仪器/器具

沸水浴、恒温水浴、冰浴、试管及试管架、量筒、滴管、微量移液器与吸头（或其他替代器具）、烧杯

2. 材料

淀粉、氯化钠（NaCl）、碘（I_2）、碘化钾（KI）、唾液

3. 试剂

(1) 向 1000mL 的 3g/L 氯化钠沸水溶液中加入 2g 淀粉的淀粉溶液

需新鲜配制。

(2) 稀释 200 倍的唾液 50mL

用蒸馏水漱口，以清除食物残渣，再含一口蒸馏水，半分钟后使其流入量筒并稀释 200 倍（稀释倍数可根据个人唾液淀粉酶活性调整），混匀备用。

(3) 碘化钾-碘溶液 50mL

将碘化钾 20g 及碘 10g 溶于 100mL 水中。使用前稀释 10 倍。

(四) 实验步骤

取 3 支试管，编号后按表 27-1 加入试剂：

表 27-1 各试剂用量

试剂	1	2	3
淀粉溶液/mL	1.5	1.5	1.5
稀释唾液/mL	1	1	—
煮沸过的稀释唾液/mL	—	—	1

摇匀后，将 1、3 号两试管放入 37℃ 恒温水浴中，2 号试管放入冰水中。10 min 后取出，并将 2 号管内液体取出一半，放入一个干净的试，编号为 4 号，用碘化钾-碘溶液来检验 1、2、3 号管内淀粉被唾液淀粉酶水解的程度，记录并解释结果。将 4 号管放入 37℃ 恒温水浴中保温 10min 后，再用碘化钾-碘溶液进行检验，记录并解释结果（图 27-1）。

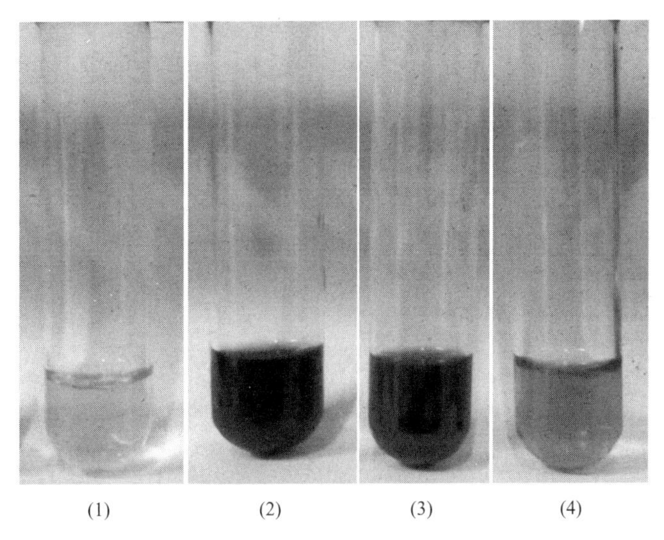

图 27-1 不同温度下淀粉酶催化淀粉水解程度（彩图）

从左至右依次为（1）～（4）号管

（五）实验结果

实验现象记录于表 27-2。

表 27-2　不同温度对酶活力的影响

管号	呈现的颜色	解释结果
1		
2		
3		
4		

二、pH 对酶活力的影响

（一）实验目的

了解 pH 对酶活力的影响作用。

（二）实验原理

pH 对酶促反应速率的影响作用主要表现在以下几个方面：pH 过高或过低可导致酶高级结构的改变，使酶失活；pH 的改变可通过影响酶可解离基团的解离状态来影响酶活性；pH 通过影响底物的解离状态以及中间复合物 ES 的解离状态影响酶促反应速率。

若其他条件不变，酶只有在一定的 pH 范围内才能表现催化活性，且在某一 pH 下，酶促反应速率最大，此 pH 称为酶的最适 pH（Optimum pH）。各种酶的最适 pH 不同，但多数在中性、弱酸性或弱碱性范围内，如植物和微生物所含的酶最适 pH 多在 4.5～6.5，动物体内酶最适 pH 多在 6.5～8.0。本实验观察 pH 对唾液淀粉酶活性的影响，唾液淀粉酶的最适 pH 约为 6.8。

（三）仪器、材料与试剂

1. 仪器/器具

恒温水浴、50mL 锥形瓶、滴管、烧杯、试管及试管架、量筒、白瓷调色板、微量移液器与吸头（或其他替代器具）、pH 试纸（pH＝5、pH＝5.8、pH＝6.8、pH＝8 四种）

2. 材料

淀粉、氯化钠（NaCl）、碘（I_2）、碘化钾（KI）、柠檬酸（$C_6H_8O_7$）、磷酸氢

二钠（Na_2HPO_4）、唾液

3. 试剂

（1）溶于 3g/L 氯化钠的 5g/L 淀粉溶液 250mL

需新鲜配制。

（2）稀释 200 倍的新鲜唾液 100mL

（3）0.2mol/L 磷酸氢二钠溶液 600mL

（4）0.1mol/L 柠檬酸溶液 400mL

（5）碘化钾-碘溶液 50mL

（四）实验步骤

取 4 个标有号码的 50mL 锥形瓶，用微量移液器按表 27-3 添加 0.2mol/L 磷酸氢二钠溶液和 0.1mol/L 柠檬酸溶液以制备 pH 5.0～8.0 的 4 种缓冲液。

表 27-3 各试剂用量

锥形瓶号码	0.2mol/L 磷酸氢二钠/mL	0.1mol/L 柠檬酸/mL	pH
1	5.15	4.85	5.0
2	6.05	3.95	5.8
3	7.72	2.28	6.8
4	9.72	0.28	8.0

从 3 号锥形瓶中取缓冲液 3mL，加入一支试管中，添加淀粉溶液 2mL，混匀，置于 37 ℃恒温水浴中保温 5～10min，加入稀释 200 倍的唾液 2mL，混匀，仍在 37℃恒温水浴中保温。此后每隔 1min 取出一滴混合液，置于白瓷调色板上，加 1 小滴碘化钾-碘溶液，检验淀粉的水解程度。待混合液变为棕黄色时，记下酶作用的时间（自加入唾液时开始，准确掌握该时间是实验成败的关键）。

从 4 个锥形瓶中各取缓冲液 3mL，分别加入 4 支已编号的试管中，随后于每个试管中添加淀粉溶液 2mL，置于 37 ℃恒温水浴中保温 5～10min，再加入稀释 200 倍的唾液 2mL，混匀，仍在 37℃恒温水浴中保温。向各试管中加入稀释唾液的时间间隔各为 1min。根据前期记录的酶作用时间，向所有试管依次添加 1～2 滴碘化钾-碘溶液。添加碘化钾-碘溶液的时间间隔，从第 1 管起均为 1min。

（五）实验结果

观察各试管中物质呈现的颜色（图 27-2），分析 pH 对唾液淀粉酶活力的影响作用，记录于表 27-4。

图 27-2　不同 pH 条件下淀粉酶催化淀粉水解程度（彩图）
从左至右依次为（1）～（4）号管

表 27-4　不同 pH 对酶活力的影响

管号	呈现的颜色	解释结果
1		
2		
3		
4		

三、唾液淀粉酶的活化和抑制

（一）实验目的

了解激活剂与抑制剂对酶活力的影响作用。

（二）实验原理

酶的活性受激活剂、抑制剂的影响，使酶活力提高的物质称为激活剂（Activator），使酶活力降低的物质为抑制剂（Inhibitor）。酶的激活剂与抑制剂有多种类型，既包括蛋白质等生物大分子，也包括金属离子、无机阴离子和有机小分子等。不同的酶有不同的激活剂与抑制剂，对唾液淀粉酶来说，氯离子为其激活剂，铜离子为其抑制剂。

（三）仪器、材料与试剂

1. 仪器/器具

恒温水浴、试管及试管架、滴管、烧杯、微量移液器与吸头（或其他替代器具）、量筒

2. 材料

淀粉、氯化钠（NaCl）、碘（I_2）、碘化钾（KI）、硫酸铜（$CuSO_4$）、硫酸钠（Na_2SO_4）、唾液

3. 试剂

（1）1g/L 淀粉溶液 150mL

（2）稀释 200 倍的新鲜唾液 150mL

（3）10g/L 氯化钠溶液 50mL

（4）10g/L 硫酸铜溶液 50mL

（5）10g/L 硫酸钠溶液 50mL

（6）碘化钾-碘溶液 100mL

（四）实验步骤

取 4 个标有号码的试管，按表 27-5 加入试剂。

表 27-5　各试剂用量

试剂	1	2	3	4
1g/L 淀粉溶液/mL	1.5	1.5	1.5	1.5
稀释唾液/mL	0.5	0.5	0.5	0.5
10g/L 氯化钠溶液/mL	0.5	—	—	—
10g/L 硫酸铜溶液/mL	—	0.5	—	—
10g/L 硫酸钠溶液/mL	—	—	0.5	—
蒸馏水/mL	—	—	—	0.5
37℃恒温水浴中保温 10min①				
碘化钾-碘溶液/滴	2～3	2～3	2～3	2～3

①保温时间可根据个人唾液淀粉酶活力调整。

（五）实验结果

记录实验现象（图 27-3），解释实验结果（表 27-6），并说明实验中设置 3 号管的意义。

表 27-6　激活剂与抑制剂对酶活力的影响

管号	呈现的颜色	解释结果	3 号管的意义
1			
2			
3			
4			

图 27-3　不同 pH 条件下淀粉酶催化淀粉水解程度（彩图）

从左至右依次为（1）～（4）号管

四、酶的专一性

（一）实验目的

了解不同的酶的专一性（对底物的选择性）。

（二）实验原理

酶具有高度的专一性（Specificity），即对底物的严格选择性。酶与一般的催化剂不同，只能作用于一类甚至是一种底物，促使其进行反应。本实验以唾液淀粉酶和蔗糖酶对淀粉和蔗糖的作用为例，来说明酶的专一性。

淀粉和蔗糖均无还原性，唾液淀粉酶水解淀粉生成有还原性的麦芽糖，但不能催化蔗糖的水解，蔗糖酶能催化蔗糖水解产生还原性葡萄糖和果糖，但不能催化淀粉的水解。用本尼迪特（Benedict）试剂检查糖的还原性，从而判断淀粉或蔗糖是否在酶的作用下发生水解。

（三）仪器、材料与试剂

1. 仪器/器具

恒温水浴、沸水浴、离心机、乳钵、滴管、量筒、试管及试管架、烧杯、微量移液器与吸头（或其他替代器具）

2. 材料

淀粉、蔗糖、唾液、鲜酵母、氯化钠（NaCl）、细砂、无水硫酸铜（$CuSO_4$）、柠檬酸钠（$C_6H_5Na_3O_7$）、无水碳酸钠（Na_2CO_3）

3. 试剂

（1）20g/L 蔗糖溶液 150mL

（2）溶于 3g/L 氯化钠的 10g/L 淀粉溶液 150mL

需新鲜配制。

（3）稀释 200 倍的新鲜唾液 100mL

（4）蔗糖酶溶液 100mL

将购买自啤酒厂的鲜酵母用水洗涤 2～3 次（离心法），然后放在滤纸上自然干燥。取干酵母 100g 置于乳钵内，添加适量蒸馏水及少量细砂，用力研磨提取约 1h，再加蒸馏水使总体积为原体积的 10 倍。离心，将上清液保存于冰箱中备用。

（5）Benedict 试剂 200mL

17.4g 无水硫酸铜溶于 100mL 热水中，冷却后稀释至 150mL。称取 173g 柠檬酸钠和 100g 无水碳酸钠，加入 600mL 水加热，溶解后冷却并加水至 850mL。再加入冷却后的 150mL 硫酸铜溶液。本试剂可长久保存。

（四）实验步骤

1. 淀粉酶的专一性

取 6 个标有号码的试管，按表 27-7 加入试剂。

表 27-7　各试剂用量

试剂	1	2	3	4	5	6
10g/L 淀粉溶液/滴	4	—	4	—	4	—
20g/L 蔗糖溶液/滴	—	4	—	4	—	4
稀释唾液/mL	—	—	1	1	—	—
煮沸过的稀释唾液/mL	—	—	—	—	1	1
蒸馏水/mL	1	1	—	—	—	—
37℃恒温水浴 15min						
Benedict 试剂/mL	1	1	1	1	1	1
沸水浴 2～3min						

记录实验现象并解释实验结果，提示：唾液除含淀粉酶外还含有少量麦芽糖酶。

2. 蔗糖酶的专一性

取 6 个标有号码的试管，按表 27-8 加入试剂。

表 27-8　各试剂用量

试剂	1	2	3	4	5	6
10g/L 淀粉溶液/滴	4	—	4	—	4	—
20g/L 蔗糖溶液/滴	—	4	—	4	—	4
蔗糖酶溶液/mL	—	—	1	1	—	—

续表

试剂	1	2	3	4	5	6
煮沸过的蔗糖酶溶液/mL	—	—	—	—	1	1
蒸馏水/mL	1	1	—	—	—	—
37℃恒温水浴 5min						
Benedict 试剂 /mL	1	1	1	1	1	1
沸水浴 2～3min						

记录实验现象并解释实验结果。

(五) 实验结果

淀粉酶、蔗糖酶的专一性实验现象及实验结果的解释分别记录于表 27-9、27-10，实验结论记录于表 27-11。

表 27-9 淀粉酶的专一性实验现象

管号	现象	解释结果
1		
2		
3		
4		
5		
6		

表 27-10 蔗糖酶的专一性实验现象

管号	现象	解释结果
1		
2		
3		
4		
5		
6		

表 27-11 实验结论

淀粉酶的专一性	
蔗糖酶的专一性	

(六) 思考题

1. 什么是酶的最适温度？其应用意义是什么？

2. pH 对酶活性有什么影响？什么是酶促反应的最适 pH？

3. 什么是酶的激活剂？请列举几种酶的激活剂。

4. 什么是酶的抑制剂？抑制剂与变性剂有何区别？列举几种酶的抑制剂。

5. 什么是酶的专一性？本实验结果如何证明酶的专一性？

6. 试总结影响酶活性的各种因素。

7. 如果要定量测定各种因素对酶活性的影响作用（如温度的影响作用），实验应如何设计？

实验二十八　肝脏中转氨酶活力的测定

（一）实验目的

了解转氨酶在代谢过程中的重要作用及其在临床诊断中的意义，学习转氨酶活力测定的原理和方法。

（二）实验原理

生物体内广泛存在的氨基转移酶也称转氨酶，能催化α-氨基酸的α-氨基与α-酮酸的α-酮基互换，在氨基酸的合成和分解、尿素和嘌呤的合成等中间代谢过程中有重要作用。转氨酶的最适 pH 值接近 7.4，它的种类甚多，其中以谷氨酸-草酰乙酸转氨酶（简称谷草转氨酶）和谷氨酸-丙酮酸转氨酶（简称谷丙转氨酶）的活力最强。它们催化的反应如下。

$$\underset{\alpha\text{-酮戊二酸}}{\begin{array}{c}COOH\\ |\\ CH_2\\ |\\ CH_2\\ |\\ C=O\\ |\\ COOH\end{array}} + \underset{\text{天冬氨酸}}{\begin{array}{c}COOH\\ |\\ CH_2\\ |\\ HC-NH_2\\ |\\ COOH\end{array}} \xrightleftharpoons{\text{谷草转氨酶(GOT)}} \underset{\text{谷氨酸}}{\begin{array}{c}COOH\\ |\\ CH_2\\ |\\ CH_2\\ |\\ HC-NH_2\\ |\\ COOH\end{array}} + \underset{\text{草酰乙酸}}{\begin{array}{c}COOH\\ |\\ CH_2\\ |\\ C=O\\ |\\ COOH\end{array}}$$

$$\underset{\alpha\text{-酮戊二酸}}{\begin{array}{c}COOH\\ |\\ CH_2\\ |\\ CH_2\\ |\\ C=O\\ |\\ COOH\end{array}} + \underset{\text{丙氨酸}}{\begin{array}{c}CH_3\\ |\\ HC-NH_2\\ |\\ COOH\end{array}} \xrightleftharpoons{\text{谷丙转氨酶(GPT)}} \underset{\text{谷氨酸}}{\begin{array}{c}COOH\\ |\\ CH_2\\ |\\ CH_2\\ |\\ HC-NH_2\\ |\\ COOH\end{array}} + \underset{\text{丙酮酸}}{\begin{array}{c}CH_3\\ |\\ C=O\\ |\\ COOH\end{array}}$$

正常人血清中只含有少量转氨酶。当发生肝炎、心肌梗死等时，血清中转氨酶活力常显著增加，所以在临床诊断上转氨酶活力的测定有重要意义。

测定转氨酶活力的方法很多，本实验采用分光光度法。谷丙转氨酶作用于丙氨酸和α-酮戊二酸后，生成的丙酮酸与2,4-二硝基苯肼作用生成丙酮酸-2,4-二硝基苯腙。

$$\begin{array}{c}CH_3\\ |\\ C=O\\ |\\ COOH\end{array} + H_2N-NH-C_6H_3(NO_2)_2 \longrightarrow \begin{array}{c}CH_3\\ |\\ C=N-NH-C_6H_3(NO_2)_2\\ |\\ COOH\end{array} + H_2O$$

丙酮酸-2,4-二硝基苯腙加碱处理后呈棕色，可用分光光度法测定。根据丙酮酸-2,4-二硝基苯腙的生成量，可以计算酶的活力。

(三) 仪器、材料与试剂

1. 仪器/器具

分光光度计、恒温水浴、不同量程移液器、试管

2. 材料

新鲜兔肝、丙酮酸钠、α-酮戊二酸、丙氨酸、DL-丙氨酸、氯仿、2,4-二硝基苯肼、氢氧化钠、盐酸

3. 试剂

(1) 0.1mol/L 磷酸盐缓冲液 (pH 7.4) 250mL

(2) 2.0μmol/mL 丙酮酸钠标准溶液

取分析纯丙酮酸钠 11mg 溶解于 50mL 磷酸盐缓冲液内，现用现配。

(3) 谷丙转氨酶底物（即 2.0μmol/mLα-酮戊二酸溶液和 0.2mmol/mL 丙氨酸混合液）150mL

取分析纯 α-酮戊二酸 29.2mg，DL-丙氨酸 1.78g 置于小烧杯内，加 1mol/L 氢氧化钠溶液约 10mL 使完全溶解。用 1mol/L 氢氧化钠溶液或 1mol/L 盐酸调整 pH 至 7.4 后加磷酸盐缓冲液至 100mL。然后加氯仿数滴防腐。放置在冰箱内可保存一周。

(4) 2,4-二硝基苯肼溶液 150mL

在 200mL 锥形瓶内放入分析纯 2,4-二硝基苯肼 19.8mg，加 100mL 1mol/L 盐酸。把锥形瓶放在暗处并不时摇动，待 2,4-二硝基苯肼全部溶解后，滤入棕色玻璃瓶内，置冰箱内保存备用。

(5) 0.4mol/L 氢氧化钠溶液 1200mL

(四) 实验步骤

1. 标准曲线的绘制

取 6 支试管，分别标识为 0、1、2、3、4、5，按表 28-1 所列的次序添加各试剂。

表 28-1 各试剂用量

试剂	管号					
	0	1	2	3	4	5
丙酮酸钠标准液/mL	—	0.05	0.10	0.15	0.20	0.25
谷丙转氨酶底物/mL	0.50	0.45	0.40	0.35	0.30	0.25
磷酸盐缓冲液/mL	0.10	0.10	0.10	0.10	0.10	0.10

2,4-二硝基苯肼可与有酮基的化合物作用形成苯腙。底物中的 α-酮戊二酸与 2,4-二硝基苯肼反应，生成 α-酮戊二酸苯腙。因此，在制作标准曲线时，须加入一定量的底物（内含 α-酮戊二酸）以抵消由 α-酮戊二酸产生的吸光影响。

先将试管置于37℃恒温水浴中保温10min以平衡内外温度。向各管内加入0.5mL 2,4-二硝基苯肼溶液后再保温20min。最后，分别向各管内加入0.4mol/L氢氧化钠溶液5mL。在室温下静置30min，以0号管作空白，测定520nm处的吸光度。用丙酮酸物质的量（μmol）为横坐标，吸光度值为纵坐标，绘制标准曲线。

2. 定性检测酶活性

（1）肝匀浆制备

取新鲜兔肝1.5g剪成小块，置于研钵内，加入3mL预冷的pH 7.4的0.1mol/L磷酸盐缓冲液，低温充分研磨制成匀浆，倒入10mL离心管中，离心2500r/min，5min。取上清液即为酶的粗提液。

（2）取试管3支，按表28-2加入试剂。

表28-2 各试剂用量

管号	酶液/mL	谷丙转氨酶底物/mL	丙酮酸钠标准液/mL	pH7.4磷酸盐缓冲液/mL
1(对照管)	—	1.0	—	0.2
2(标准管)	—	—	1.0	0.2
3(样品管)	0.2	1.0	—	—

（3）加毕，摇匀，置37℃水浴中保温30min。

（4）保温完毕，取出冷却至室温（25℃，不宜过高），各加1.0mL 2,4-二硝基苯肼液，准确反应5min。

（5）各加0.4mol/L NaOH溶液10mL，摇匀，观察各管颜色变化，并分析。

3. 酶活力的定量测定

取2支试管并标号，用第1号试管作为实验管，第2号试管作为空白对照管。各加入谷丙转氨酶底物0.5mL，置于37℃水浴内10min，使管内外温度平衡。取酶液0.1mL加入第1号试管内，继续保温60min。到60min时，向两支试管内各加入2,4-二硝基苯肼试剂0.5mL，向第2号试管中补加0.1mL酶液，再向1、2号试管内各加入0.4mol/L氢氧化钠溶液5mL。在室温下静置30min后，测定实验管520nm波长光吸收值（显色后30min至2 h内其色度稳定）。

（五）实验结果

在标准曲线上查出丙酮酸的物质的量（μmol），用1μmol丙酮酸代表1.0单位酶活力，计算每100mL血清中转氨酶的活力单位数。

（六）思考题

1. 什么叫转氨基作用？
2. 转氨酶在代谢过程中的重要作用。
3. 人体中谷丙转氨酶偏高的危害？

实验二十九 过氧化氢酶和过氧化物酶的作用

（一）实验目的

了解过氧化氢酶的作用，掌握常用的测定过氧化氢酶的方法。

（二）实验原理

氧化物酶是植物体内普遍存在的、活性较高的一种酶。它与呼吸作用、光合作用及生长素的氧化等都有密切关系，在植物生长发育过程中，它的活性不断发生变化，因此测量这种酶，可以反映某一时期植物体内代谢的变化。

在过氧化物酶催化下，H_2O_2 将愈创木酚氧化成茶褐色产物。此产物在 470nm 波长处有最大光吸收，故可通过测 470nm 波长下的吸光度变化测定过氧化物酶的活性（愈创木酚法）。

过氧化氢酶普遍存在于植物的所有组织中，其活性与植物的代谢强度及抗寒、抗病能力有一定关系。过氧化氢酶属于血红蛋白酶，含有铁，它能催化过氧化氢分解为水和分子氧，在此过程中起传递电子的作用，过氧化氢则既是氧化剂又是还原剂。

$$R(Fe^{2+}) + H_2O_2 \xrightarrow{} R(Fe^{3+}OH) \quad (2e: Fe^{2+} \to H_2O_2)$$

$$R(Fe^{3+}OH)_2 + R(Fe^{2+})_2 \longrightarrow R(Fe^{2+})_2 + 2H_2O_2 + O_2 \quad (2e: Fe^{3+}OH \to Fe^{2+})$$

因此，可根据 H_2O_2 的消耗量或 O_2 的生成量测定该酶的活力大小。

在反应系统中加入一定量（反应过量）的过氧化氢溶液，经酶促反应后，用标准高锰酸钾溶液，在酸性条件下滴定多余的过氧化氢，即可求出消耗的 H_2O_2 的量。

$$5H_2O_2 + 2KMnO_4 + 4H_2SO_4 \longrightarrow 5O_2 + 2KHSO_4 + 8H_2O + 2MnSO_4$$

（三）仪器、材料和试剂

1. 仪器/器具

722 型分光光度计、离心机、研钵、容量瓶、试管、吸管、锥形瓶、酸式滴定

管、恒温水浴锅

2. 材料

马铃薯块茎、小麦叶片、0.05mol/L pH5.5 的磷酸缓冲液、0.05mol/L 愈创木酚溶液、2% H_2O_2、20%三氯乙酸、10% H_2SO_4、0.2mol/L pH 7.8 磷酸盐缓冲液

3. 试剂

(1) 0.1mol/L 高锰酸钾标准液：称取 $KMnO_4$ 3.1605g，用新煮沸冷却蒸馏水配制成 1000mL，再用 0.1mol/L 草酸溶液标定。

(2) 0.1mol/L H_2O_2：市售 30% H_2O_2 浓度大约为 17.6mol/L，取 30% H_2O_2溶液 5.68mL，稀释至 1000mL，用标准 0.1mol/L $KMnO_4$ 溶液，在酸性条件下进行标定。

(3) 0.1mol/L 草酸：称取优级纯 $H_2C_2O_4 \cdot 2K_2O$ 12.607g 用蒸馏水溶解后，定容至 1000mL。

(四) 实验步骤

1. 测定过氧化物酶

(1) 酶液的制备　取 5.0g 洗净去皮的马铃薯块茎，切碎，放入研钵中，加适量 0.2mol/L pH7.8 磷酸盐缓冲液研磨成匀浆。将匀浆液全部转入离心管中，于 10000r/min 离心 10min，上清液转入 25mL 容量瓶中。沉淀用 5mL 0.2mol/L pH7.8 磷酸盐缓冲液再提取两次，上清液并入容量瓶中，定容至刻度，低温下保存备用。

(2) 过氧化物酶活性测定　酶活性测定的反应体系包括 2.9mL 0.05mol/L 磷酸缓冲液、1.0mL 2% H_2O_2、1.0mL 0.05mol/L 愈创木酚和 0.1mL 酶液。用加热煮沸 5min 的酶液为对照，反应体系加入酶液后，立即于 37℃ 水浴中保温 15min，然后迅速转入冰浴中，并加入 2.0mL 20%三氯乙酸终止反应，然后过滤，适当稀释，470nm 波长下测定吸光度。

以每分钟内 A_{470} 变化为 1 个过氧化物酶活性单位 (U)。

2. 过氧化氢酶活性的测定

(1) 酶液提取　取小麦叶片 2.5g 加入少量 pH 7.8 的磷酸盐缓冲液，研磨成匀浆，转移至 25mL 容量瓶中，用该缓冲液冲洗研钵，并将冲洗液转至容量瓶中，用同一缓冲液定容，4000r/min 离心 15min，上清液即为过氧化氢酶的粗提液。

(2) 取 50mL 锥形 4 个 (两个测定，另两个为对照)，测定瓶加入酶液 2.5mL，对照 瓶加失活酶液 2.5mL，再加入 2.5mL 0.1mol/L H_2O_2，同时计时，于 30℃ 恒温水浴中保温 10min，立即加入 10% H_2SO_4 2.5mL。

(3) 用 0.1mol/L $KMnO_4$ 标准溶液滴定至出现粉红色 (30min 内不消失) 为终点。

酶活性用每克样品 1min 内分解 H_2O_2 的质量 (mg) 表示。

(五) 实验结果

过氧化物酶活性[以 U/(g·min)为单位]按式(29-1)计算：

$$过氧化物酶活性=\frac{\Delta A_{470}\times V_T}{m\times V_S\times 0.001\times t} \quad (29\text{-}1)$$

式中 ΔA_{470}——反应时间内吸光度的变化；

m——马铃薯鲜重，g；

t——反应时间，min；

V_T——提取酶液总体积，mL；

V_S——测定时取用酶液体积，mL。

以 mg/(g·min) 表示过氧化氢酶活性按式(29-2)计算：

$$过氧化氢酶活性=\frac{(V_{对}-V_{酶})\times V_T\times V_S\times 1.7}{m\times t} \quad (29\text{-}2)$$

式中 $V_{对}$——对照 $KMnO_4$ 滴定体积，mL；

$V_{酶}$——酶反应后 $KMnO_4$ 滴定体积，mL；

V_T——提取酶液总量，mL；

V_S——反应时所用酶液量，mL；

m——样品鲜重，g；

t——反应时间，min；

1.7——1mL 0.1mol/L $KMnO_4$ 相当于 1.7mg H_2O_2。

所用 $KMnO_4$ 溶液及 H_2O_2 溶液临用前要经过重新标定。

(六) 思考题

1. 简述测定过氧化物酶活性的生理意义。
2. 本测定方法有哪些需要改进的地方？
3. 影响过氧化氢酶活性测定的因素有哪些？
4. 过氧化氢酶与哪些生化过程有关？

实验三十　碱性磷酸酶的分离与纯化

（一）实验目的

1. 掌握酶分离纯化的一般步骤及相关原理。
2. 熟悉碱性磷酸酶分离纯化的方法步骤。

（二）实验原理

有机溶剂分级沉淀是分离蛋白质的常用方法之一。有机溶剂能使许多溶于水的生物大分子发生沉淀，其主要作用是降低水溶液的介电常数。例如20℃时水的介电常数为80，82%的乙醇溶液的介电常数为40。溶液的介电常数降低意味着溶质分子间异性电荷库仑引力增加，从而使溶质的溶解度降低。这一点可从静电学的库仑定律中得到阐明。同时有机溶剂溶于水，对大分子物质表面的水化膜具有破坏作用，最后使这些大分子脱水而互相聚集析出。沉淀不同物质所需有机溶剂的浓度不同，利用不同蛋白质在不同浓度的有机溶剂中发生沉淀作用而达到分离。

用于生物大分子分级分离的溶剂主要是能与水互溶的有机溶剂，常用的有乙醇、甲醇和丙酮等。进行有机溶剂沉淀时，欲使原溶液中有机溶剂达到一定浓度，需加入有机溶剂的浓度和体积可按式(30-1) 计算：

$$V=\frac{V_0(c_2-c_1)}{100-c_2} \tag{30-1}$$

式中　V——需加100%有机溶剂的体积；

V_0——原溶液的体积；

c_1——原溶液中有机溶剂的浓度；

c_2——要求达到的有机溶剂浓度；

100——加入的有机溶剂浓度为100%。如所加入的有机溶剂的浓度为95%，上式($100-c_2$) 项应改为 ($95-c_2$)。

在大规模制备沉淀时，若溶剂浓度的要求不太严格，可用简单的交叉方法求出。

本实验采用有机溶剂沉淀法从肝匀浆中分离纯化碱性磷酸酶（ALP）。先用低浓度乙酸钠（低渗透膜作用）制备肝匀浆。乙酸镁则有保护和稳定ALP的作用。匀浆中加入正丁醇可使部分杂蛋白变性，释出膜中酶，过滤后，以去除杂蛋白。含有 ALP 的滤液用冷丙酮和冷乙酸进行重复分离纯化。根据 ALP 在 33%的丙酮或30%的乙醇中溶解，而在 50%的丙酮或 60%的乙酸中不溶解的性质，用冷丙酮和冷乙醇重复分离提取，可从含有 ALP 的滤液中获得较为纯净的碱性磷酸酶。

用有机溶剂分离纯化酶（或蛋白质）必须注意以下几点。①有机溶剂沉淀是个放热过程，所以要在低温下进行。溶剂应预冷，加入时要边搅拌边滴加，以避免局部浓度过高使酶蛋白变性。②溶剂的 pH 值最好控制在被分离物质的等电点附近，以提高被分离物质的分离效果。蛋白质浓度应控制在 5～20mg/mL，以防止高浓度样品的共沉淀作用。③溶液的离子强度控制在 0.05～0.10 范围内。④有机溶剂中有中性盐存在时能增加蛋白质的溶解度，减少变性，提高分离效果，中性盐浓度一般以 0.05mol/L 左右为好，过高影响沉淀。

（三）仪器、材料和试剂

1. 仪器/器具

移液枪（1mL 和 5mL）、枪头（1mL 和 5mL）、量筒、玻璃匀浆器（管）、剪刀、离心机、定性滤纸

2. 材料

新鲜兔肝，正丁醇、丙酮、95%乙醇均为分析纯试剂

3. 试剂

（1）0.5mol/L 乙酸镁溶液：107.25g 乙酸镁溶于蒸馏水中，定容至 1000mL。

（2）0.1mol/L 乙酸钠溶液：8.2g 乙酸钠溶于蒸馏水中，定容至 1000mL。

（3）0.01mol/L 乙酸镁-0.01mol/L 乙酸钠溶液：准确吸取 20mL 0.5mol/L 乙酸镁溶液及 100mL 0.1mol/L 乙酸钠溶液，混匀后定容至 1000mL。

（4）Tris-HCl pH8.8 缓冲液：50mL 0.1mol/L 三羟甲基氨基甲烷（Tris）溶液与 8.5mL 0.1mol/L 盐酸混匀后，加水稀释至 100mL。

（四）实验步骤

以下操作均在 4～10℃进行。

（1）称取新鲜兔肝 2g，剪碎后，置于玻璃匀浆器中，加入 2.0mL 0.01mol/L 乙酸镁- 0.01mol/L 乙酸钠溶液，充分磨成匀浆后，将匀浆液转移至离心管中，用 4.0mL 上述溶液分两次冲洗匀浆管，并倒入离心管中，混匀，此为 A 液。另取 1 支试管，编号为 A，取 0.1mLA 液，加 4.9mLTris-HCl 缓冲液（pH8.8），混匀，供测酶活性用。

（2）加 2.0mL 正丁醇溶液于上述剩余的匀浆液中，用玻璃棒充分搅拌 2min 左右。在室内放置 20min 后，用滤纸过滤，滤液置离心管中。

（3）于滤液中加入等体积冷丙酮，立即混匀后离心（2000r/min）5min，弃上清液，向沉淀中加入 4.0mL 0.5mol/L 乙酸镁溶液，用玻璃棒充分搅拌使其溶解，

同时记录悬液体积，此为B液。吸取0.1mLB液，置于编号为B的试管中，加入4.9mL Tris-HCl缓冲液（pH8.8），供测酶活性用。

（4）取剩余悬液体积，并计算使乙醇终浓度为30%需要加入的95%冷乙醇量。按计算量加入乙醇，混匀，立即离心（2000r/min）5min，量取上清液体积。倒入另一离心管中，弃去沉淀。向上清液中加入95%冷乙醇，使乙醇终浓度达60%（计算方法同前），混匀后立即离心（2500r/min）5min，弃上清液。向沉淀中加入4.0mL 0.01mol/L乙酸镁-0.01mol/L乙酸钠溶液，充分搅拌，使其溶解。

（5）重复操作步骤（4），向悬浮液中加入95%冷乙醇，使乙醇终浓度达30%，混匀后立即离心（2000r/min）5min，计算上清液体积，倒入另一离心管中，弃去沉淀，向上清液中加入95%的冷乙醇，使乙醇终浓度达60%。混匀后，立即离心（2500r/min）5min，弃上清液，沉淀用3mL 0.5mol/L乙酸镁溶液充分溶解，记录体积，此为C液。吸取C液0.2mL置于编号为C的试管中，加入3.8mL Tris-HCl缓冲液（pH8.8），供测酶活性用。

（6）向上述剩余悬液中逐滴加入冷丙酮，使丙酮终浓度达33%，混匀后离心（2000r/min）5min，弃去沉淀。量取上清液体积后转移至另一离心管中，再缓缓加入冷丙酮，使丙酮终浓度达50%，混匀后立即离心（4000r/min）15min，弃上清液，沉淀为部分纯化的碱性磷酸酶。向此沉淀中加入4.0mL Tris-HCl缓冲液（pH 8.8），使沉淀溶解，再离心（2000r/min）5min，将上清液倒入试管中，记录体积，弃去沉淀。上清液即为部分纯化的酶液，此为D液。吸取0.2mL D液置于编号为D的试管中，加入0.8mL Tris-HCl缓冲液（pH 8.8），供测酶活性用。

（五）思考题

1. 实验中冷丙酮的作用是什么？
2. 为什么采用pH为8.8的Tris缓冲液？
3. 碱性磷酸酶有什么生理学作用？

酶类习题集

（一）单项选择题

1. 酶加速化学反应的根本原因是（　　）

   A. 升高反应温度　　B. 增加反应活化能

   C. 增加产物的能量水平　　D. 降低反应物的能量水平

   E. 降低催化反应的活化能

2. 下列何种维生素缺乏可造成体内丙酮酸的堆积（　　）

A. 维生素 B_1　　B. 维生素 B_2　　C. 维生素 B_6
D. 维生素 B_{12}　　E. 维生素 PP

3. 有关酶的活性中心的论述哪项是正确的（　　）
   A. 没有或不能形成活性中心的蛋白质不是酶
   B. 酶的活性中心是由一级结构上相互邻近的基团组成的
   C. 酶的活性中心在与底物结合时不应发生构象改变
   D. 酶的活性中心专指能与底物特异性结合的必需基团
   E. 酶的活性中心外的必需基团也参与对底物的催化作用
4. 当 K_m 值近似于 ES 的解离常数 K_s 时，下列哪种说法正确（　　）
   A. K_m 值越大，酶与底物的亲和力越小
   B. K_m 值越小，酶与底物的亲和力越大
   C. K_m 值越小，酶与底物的亲和力越小
   D. 在任何情况下，K_m 与 K_s 的含义总是相同的
   E. 即使 $K_m=K_s$，也不可以用 K_m 表示酶对底物的亲和力大小
5. 竞争性抑制剂对酶促反应速度的影响是（　　）
   A. $K_m\uparrow$，V_{max} 不变　　B. $K_m\downarrow$，$V_{max}\downarrow$
   C. K_m 不变，$V_{max}\downarrow$　　D. $K_m\downarrow$，$V_{max}\uparrow$
   E. $K_m\downarrow$，V_{max} 不变
6. 有机磷农药中毒时，下列哪一种酶受到抑制（　　）
   A. 己糖激酶　　B. 碳酸酐酶　　C. 胆碱酯酶
   D. 乳酸脱氢酶　　E. 含巯基的酶
7. 有关非竞争性抑制作用的论述，正确的是（　　）
   A. 不改变酶促反应的最大程度
   B. 改变表观 K_m 值
   C. 酶与底物、抑制剂可同时结合，但不影响其释放出产物
   D. 抑制剂与酶结合后，不影响酶与底物的结合
   E. 抑制剂与酶的活性中心结合
8. 有关反竞争性抑制作用的描述正确的是（　　）
   A. 抑制剂既与酶相结合又与酶-底物复合物相结合
   B. 抑制剂只与酶-底物复合物相结合
   C. 抑制剂使酶促反应的 K_m 值降低，V_{max} 增高
   D. 抑制剂使酶促反应的 K_m 值升高，V_{max} 降低
   E. 抑制剂不使酶促反应的 K_m 改变，只降低 V_{max}
9. 酶原之所以没有活性是因为（　　）
   A. 酶蛋白肽链合成不完全　　B. 缺乏辅酶或辅基
   C. 酶原是已经变性的蛋白质　　D. 酶原的四级结构还没形成

E. 活性中心未形成或未暴露

10. 关于同工酶（　　）

A. 它们催化相同的化学反应　　B. 它们的分子结构相同

C. 它们的理化性质相同　　D. 它们催化不同的化学反应

E. 它们的差别是翻译后化学修饰不同的结果

11. 血清中某些胞内酶活性升高的原因是（　　）

A. 机体的正常代谢途径

B. 体内代谢旺盛，使酶合成增加

C. 某些酶的抑制剂减少

D. 细胞内某些酶被激活

E. 细胞受损使胞内酶释放人血

12. 下列关于酶活性中心的叙述中正确的是（　　）

A. 所有酶的活性中心都含有辅酶

B. 所有酶的活性中心都含有金属离子

C. 酶的必需基团都位于活性中心内

D. 所有的抑制剂都作用于酶的活性中心

E. 所有的酶都有活性中心

13. 酶促反应中决定酶特异性的是（　　）

A. 作用物的类别　B. 酶蛋白　C. 辅基或辅酶　D. 催化基团

E. 金属离子

14. 下列关于酶的叙述，哪一项是错误的（　　）

A. 酶有高度特异性

B. 酶有高度的催化效能

C. 酶具有代谢更新的性质

D. 酶的高度特异性由酶蛋白结构决定

E. 酶的高度催化效能是因为它能增大反应的平衡常数

15. 有关金属离子作为辅助因子的作用，论述错误的是（　　）

A. 作为酶活性中心的催化基团参加反应

B. 传递电子

C. 连接酶与底物的桥梁

D. 降低反应中的静电斥力

E. 与稳定酶分子构象无关

16. 影响酶促反应速度的因素不包括（　　）

A. 底物浓度　B. 酶的浓度　C. 反应环境的 pH　D. 反应温度

E. 酶原的浓度

17. 关于 K_m 值的意义，不正确的是（　　）

A. K_m 是酶的特征性常数

B. K_m 值与酶的结构有关

C. K_m 值与酶所催化的底物有关

D. K_m 值等于反应速度为最大速度一半时的酶的浓度

E. K_m 值等于反应速度为最大速度一半时的底物浓度

18. 有关竞争性抑制剂的论述，错误的是（　　）

A. 结构与底物相似　　B. 与酶活性中心相结合

C. 与酶的结合是可逆的　　D. 抑制程度只与抑制剂的浓度有关

E. 与酶非共价结合

19. 有关酶与温度的关系，错误的论述是（　　）

A. 最适温度不是酶的特征性常数

B. 酶是蛋白质，温度越高反应速度越快

C. 酶制剂应在低温下保存

D. 酶的最适温度与反应时间有关

E. 从生物组织中提取酶时应在低温下操作

20. 关于 pH 对酶促反应速度影响的论述中，错误的是（　　）

A. pH 影响酶、底物或辅助因子的解离度，从而影响酶促反应速度

B. 最适 pH 是酶的特征性常数

C. 最适 pH 不是酶的特征性常数

D. pH 过高或过低可使酶发生变性

E. 最适 pH 是酶促反应速度最大时的环境 pH

21. 下列关于酶的别构调节，错误的是（　　）

A. 受别构调节的酶称为别构酶

B. 别构酶多是关键酶（如限速酶），催化的反应常是不可逆反应

C. 别构酶催化的反应，其反应动力学是符合米-曼方程的

D. 别构调节是快速调节

E. 别构调节可引起酶的构象变化

22. 下列有关酶催化反应的特点中错误的是（　　）

A. 酶反应在 37℃ 条件下最高　　B. 具有高度催化能力

C. 具有高效性　　D. 酶催化作用是受调控的

E. 具有高度专一性

（二）多项选择题

1. 酶的活性中心是（　　）

A. 由一级结构上相互接近的一些基团组成，分为催化基团和结合基团

B. 裂缝或凹陷

C. 平面结构

D. 线状结构

E. 由空间结构上相邻近的催化基团与结合基团组成的结构

2. 酶催化作用的机制可能是（　　）

A. 邻近效应与定向作用　　B. 表面效应　　C. 共价催化作用

D. 酸碱催化作用　　E. 酶与底物锁匙式的结合

3. 关于酶的激活剂的论述（　　）

A. 使酶由无活性变为有活性或使酶活性增加的物质称为酶的激活剂

B. 酶的辅助因子都是酶的激活剂

C. 凡是使酶原激活的物质都是酶的激活剂

D. 酶的活性所必需的金属离子是酶的激活剂

E. 在酶的共价修饰中，有的酶被磷酸激酶磷酸化后活性增加，此磷酸激酶可视为酶的激活剂

4. 使酶发生不可逆破坏的因素是（　　）

A. 竞争性抑制剂　B. 高温　C. 强酸强碱　D. 低温　E. 重金属盐

5. 被有机磷抑制的酶和抑制类型是（　　）

A. 不可逆性抑制　B. 竞争性抑制　C. 胆碱酯酶　D. 二氢叶酸合成酶

E. 胆碱乙酰化酶

6. 下列常见的抑制剂中，哪些是不可逆性抑制剂（　　）

A. 有机磷化合物　B. 有机汞化合物　C. 磺胺类药物　D. 氰化物

E. 有机砷化合物

7. 在催化剂的特点中，酶所特有的是（　　）

A. 加快反应速度　　B. 可诱导产生　　C. 不改变反应的平衡点

D. 对作用物的专一性　　E. 在反应中本身不被消耗

8. 在口腔中协同参与淀粉水解的物质是（　　）

A. 唾液淀粉酶　B. 胰淀粉酶　C. 氯离子　D. 钠离子　E. 钙离子

实验三十一
维生素 C 的定量测定——2,4-二硝基苯肼法

（一）实验目的

学习用 2,4-二硝基苯肼法测定生物样品中维生素 C 含量的原理和方法。

（二）实验原理

维生素 C 又称为抗坏血酸，生物体内的抗坏血酸主要包括还原型和脱氢型两种。生物样品（如蔬菜、水果等）中的抗坏血酸以还原型为主。实验中，先将样品中的还原型抗坏血酸用活性炭氧化成脱氢型抗坏血酸，然后使之与 2,4-二硝基苯肼作用生成红色的脎。脎的含量与抗坏血酸总含量呈正比，将脎溶于硫酸后，可用紫外及可见分光光度法测定脎的浓度，从而间接测定出抗坏血酸的含量。

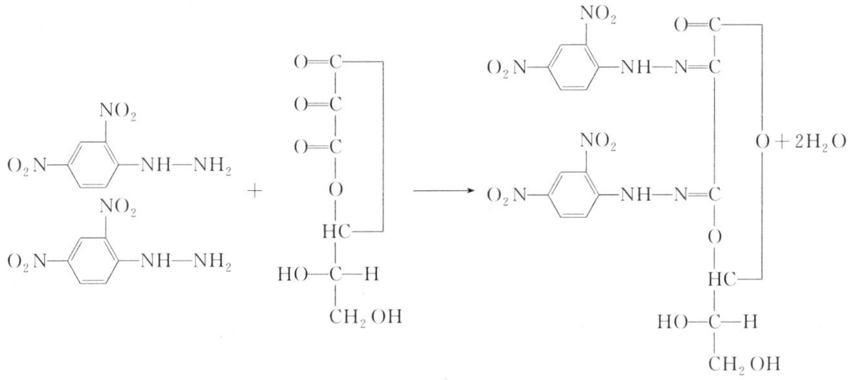

2,4-二硝基苯肼 + 脱氢抗坏血酸 ⟶ 脎 $+ 2H_2O$

（三）仪器、材料与试剂

1. 仪器/器具

天平、恒温水浴、烘箱、组织捣碎机、分光光度计、漏斗、纱布、滤纸、锥形瓶、容量瓶、量筒、试管与试管架、微量移液器和吸头（或其他替代器具）

2. 材料

新鲜水果或蔬菜、抗坏血酸（$C_6H_8O_6$）、硫酸（H_2SO_4）、草酸（$C_2H_2O_4$）、

2,4-二硝基苯肼（$C_6H_6N_4O_4$）、硫脲（CH_4N_2S）、盐酸（HCl）、活性炭

3. 试剂

（1）4.5mol/L 硫酸：250mL 浓硫酸（相对密度 1.84）缓慢加入 700mL 蒸馏水中，冷却后稀释至 1000mL。

（2）85%硫酸：900mL 浓硫酸（相对密度 1.84）缓慢加入 100mL 蒸馏水中。

（3）20g/L 2,4-二硝基苯肼：称取 2,4-二硝基苯肼 2g，溶解于 100mL 4.5mol/L 硫酸中，过滤。置于冰箱中保存，每次用前需过滤。

（4）20g/L 草酸：20g 草酸溶解于 700mL 蒸馏水中，用蒸馏水稀释至 1000mL。

（5）10g/L 草酸：用蒸馏水稀释 500mL 20g/L 草酸至 1000mL。

（6）20g/L 硫脲溶液：称取硫脲 10g，溶解于 500mL 10g/L 草酸溶液中。

（7）10g/L 硫脲溶液：称取硫脲 5g，溶解于 500mL 10g/L 草酸溶液中。

（8）1mol/L HCl：取 100mL 浓盐酸（12mol/L），加入蒸馏水中，稀释至 1200mL。

（9）活性炭：取 100g 活性炭用 1mol/L 盐酸 1000mL 煮沸 1h，煮沸时搅动。煮后用蒸馏水洗至滤液中无 Fe^{3+} 为止。110℃烘箱中干燥过夜，取出置于干燥器备用。

检验铁离子方法：利用普鲁士蓝反应，取上述洗出滤液数滴，加入约 1mL 2%亚铁氰化钾与 1% HCl 等量混合液中，如有铁离子则产生蓝色沉淀。

（10）抗坏血酸标准溶液（1mg/mL）：精确称取抗坏血酸 100mg，以 10g/L 草酸溶解并稀释至 100mL，冰箱保存。

（四）实验步骤

1. 含维生素 C 样品提取液的制备

称取 20g 新鲜水果（或蔬菜）和 20g 20g/L 草酸溶液，加入组织捣碎机中打成匀浆，用 2 层纱布过滤，将滤液（如混浊可离心）倒入 100mL 容量瓶中，用 10g/L 草酸溶液清洗捣碎机内壁并过滤，将滤液并入同一容量瓶中，重复 2～3 次。最后用 10g/L 草酸溶液定容，混匀备用。

注意：实验全程应避光。大多数植物组织内含有能破坏抗坏血酸的氧化酶，因此，抗坏血酸的测定应采用新鲜样品并尽快用 20g/L 草酸溶液制成匀浆以保护抗坏血酸。

2. 绘制标准曲线

（1）取抗坏血酸标准溶液 50mL 于 200mL 锥形瓶中，加入活性炭 2g，振摇 1min 后过滤。

（2）取滤液 10mL 置 500mL 容量瓶中，加 5g 硫脲，用 10g/L 草酸稀释到刻度（浓度 20μg/mL），为标准应用液。

（3）取 12 支试管，分两组按表 31-1 平行操作。

表 31-1 各试剂用量

试剂	1	2	3	4	5	6
抗坏血酸浓度/(μg/mL)	0	2	4	6	8	10
20μg/mL 抗坏血酸标准应用液/mL	0	0.4	0.8	1.2	1.6	2
10g/L 硫脲/mL	4	3.6	3.2	2.8	2.4	2
20g/L 2,4-二硝基苯肼/mL	0	1				
将所有试管放入 37℃水浴中，保温 3h 后取出 2～6 号管放入冰水中；1 号管取出后使其冷却到室温，然后加入 1mL 20g/L 2,4-二硝基苯肼溶液，在室温中放置 10～15min 后放入冰水中						
85%硫酸/mL	5					
硫酸需要缓慢滴加，边加边摇动试管，将试管从冰水中取出在室温放置 30min 后，以 1 号管为空白对照，测定 500nm 处吸光度值						
A_{500nm}	0					
	0					
平均值	0					

绘制标准曲线：以标准抗坏血酸的浓度（μg/mL）为横坐标，A_{500nm} 值为纵坐标绘制标准曲线。

3. 样品中维生素 C 含量的测定

（1）氧化处理：将维生素 C 的样品提取液 25mL 置 100mL 锥形瓶中，加活性炭 2g，振摇 1min 过滤，弃去最初数毫升滤液，取 10mL 经氧化提取液，加入 10mL 20g/L 硫脲溶液，混匀。

（2）呈色反应：于 3 支试管中各加入 4mL 上述溶液，一个试管作为空白，在其余试管中加入 1mL 20g/L 2,4-二硝基苯肼，将所有试管放入 37℃水浴中，保温 3h 后取出，将除空白管外的两支试管放入冰水中。空白管取出后使其冷却到室温，然后加入 1mL 20g/L 2,4-二硝基苯肼溶液，在室温中放置 10～15min 后放入冰水中。

当所有试管放入冰水后，向每一试管中缓慢滴加 5mL 85%硫酸，边加边摇动试管，将试管从冰水中取出在室温放置 30min，准备测定吸光度值。

（3）测定：用 1cm 比色杯，以空白液调零点，于 500nm 处测吸光度值。

（五）实验结果

按式(31-1) 计算样品中的维生素 C 含量。

$$X=\rho\times F\times\frac{V}{m}\times\frac{100}{1000} \tag{31-1}$$

式中　X——样品中总抗坏血酸含量，mg/100g；

ρ——由标准曲线查得氧化处理后的样品提取液中总抗坏血酸的质量浓度，μg/mL；

F——样品氧化处理过程中的稀释倍数；

V——试样用 10g/L 草酸溶液定容的体积，mL；

m——试样质量，g（本实验为 20 g）。

（六）思考题

1. 2,4-二硝基苯肼法测定维生素 C 的关键步骤是什么？
2. 还有哪些方法可用于维生素 C 含量的测定？

实验三十二　维生素 A 的定性测定

（一）实验目的

掌握维生素 A 的定性测定方法。

（二）实验原理

维生素 A 与 $SbCl_2$ 作用生成蓝色[1]。此蓝色反应虽非维生素 A 的特异反应（如胡萝卜素亦有类似反应，不过呈色程度很弱），但一般可用作维生素 A 的定性测定。

（三）仪器、材料和试剂

1. 仪器/器具

皮头滴管、试管 1.5cm×15cm、吸管 2.0mL

2. 材料

鱼肝油（市售）

3. 试剂

（1）无水氯仿：最好用新开封的。如杂质或水分较多，需按下法处理：将氯仿置分液漏斗内，用蒸馏水洗 2～3 次。将氯仿层放于棕色瓶中，加入经煅烧过的 K_2CO_3 或无水 Na_2SO_4，放置 1～2d，用有色烧瓶蒸馏，取 61～62℃馏分。

（2）三氯化锑-氯仿溶液：称取干燥的 $SbCl_3$ 20g，溶于无水氯仿并稀释至 100mL。如浑浊，可静置澄清，取上清液使用。如有必要，可先用少量无水氯仿洗涤 $SbCl_3$，然后再配制。

（3）醋酐。

（四）实验步骤

取干燥试管 1 支，加 1～2 滴鱼肝油及 10 滴氯仿，混匀，加醋酐 2 滴及 $SbCl_3$-

[1] 在一定范围内，生成的蓝色深浅与维生素 A 浓度成正比。为控制条件，亦可用比色法作维生素 A 定量测定，作定量测定时，所用的氯仿均需精馏。

氯仿液约 2mL，观察颜色变化并记录。

（五）注意事项

1. 实验所用仪器和试剂需干燥无水[1]，加醋酐是为了吸收可能混入反应液中的微量水分。

2. 凡接触过 $SbCl_3$ 的玻璃仪器需先用 10% HCl 洗涤后，再用水冲洗。

3. 维生素 A 见光易分解，实验操作应在弱光下进行。

4. 本法亦可用作维生素 A 的定量测定。

（六）思考题

1. 本实验中维生素 A 的浓度范围是多少？

2. 维生素 A 的水溶性如何？其生理功能有哪些？

---

[1] $SbCl_3$遇水生成碱式盐［$Sb(OH)_2Cl$］，再变氯氧化锑（SbOCl），此化合物与维生素 A 不反应，并发生混浊，妨碍实验进行。

实验三十三　维生素 B_1 的定性测定

（一）实验目的

掌握维生素 B_1 的定性测定方法。

（二）实验原理

维生素 B_1 在碱性溶液中与重氮化对-氨基苯磺酸作用，产生红色。

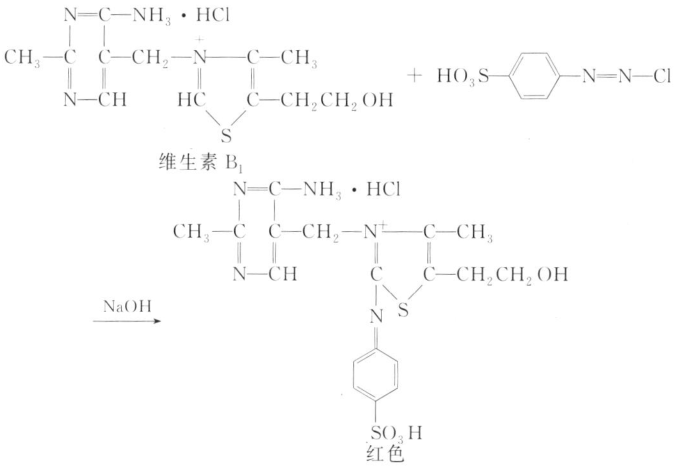

```
N═C—NH3 · HCl
|    |         +
CH3—C  C—CH2—N——C—CH3                + HO3S—⟨苯环⟩—N═N—Cl
    ‖  ‖       ‖     ‖
    N—CH       HC    C—CH2CH2OH
                 \  /
                  S
            维生素 B1

              N═C—NH3 · HCl
              |    |          +
        CH3—C  C—CH2—N——C—CH3
            ‖  ‖       ‖     ‖
            N—CH       C     C—CH2CH2OH
  NaOH                 | \  /
———————→               N   S
                       ‖
                       N
                       |
                    ⟨苯环⟩
                       |
                     SO3H
                     红色
```

维生素 B_1 的主要功能是以辅酶方式参加糖的分解代谢。

（三）仪器、材料与试剂

1. 仪器/器具

试管 1.5cm×15cm，胶头滴管，吸管 0.50mL、1.0mL、2.0mL

2. 材料

维生素 B_1、40%甲醛液

3. 试剂

（1）氨基苯磺酸溶液：溶 4.5g 氨基苯磺酸于 45mL 37% HCl（相对密度 1.19），盛于 500mL 容量瓶内，加蒸馏水至刻度。

（2）$NaNO_2$ 溶液：溶 2.5g $NaNO_2$ 于蒸馏水，稀释至 500mL。

（3）重氮化对-氨基苯磺酸溶液：取氨基苯磺酸溶液及 $NaNO_2$ 溶液各 1.5mL，置于 50mL 容量瓶中，将容量瓶浸于冰浴中 5min，然后再加入 6mL $NaNO_2$ 溶液，充分混合，再置冰浴中 5min，加蒸馏水至 50mL，冰浴中保存。此试剂于稀释后至少隔 15min 方能使用，24h 内有效。最好新鲜配制。

（4）碱性试剂：溶 5.76g 碳酸氢钠于 100mL 蒸馏水中，然后加入 100mL 1mol/L NaOH。

（5）维生素 B_1 溶液：称取硫胺素盐酸盐 100mg，溶于 100mL 蒸馏水，贮于棕色瓶。

（四）实验步骤

于 1.25mL 碱性试剂中，加入 0.5mL 重氮化对-氨基苯磺酸溶液及 1 滴 40%甲醛液，于此混合液中立即加入维生素 B_1 溶液（约 pH5）1mL，即产生红色，此红色在 30～60min 内逐渐加深。

（五）注意事项

维生素 B_1 在酸性溶液中很稳定，在碱性溶液中不稳定，易被氧化和受热破坏，故应保存于避光阴凉处，不宜久贮。

（六）思考题

1. 本实验中维生素 B_1 的浓度范围是多少？
2. 维生素 B_1 的水溶性如何？其生理功能有哪些？

实验三十四　胡萝卜素的定量测定

（一）实验目的

1. 掌握从胡萝卜中提取胡萝卜素的方法。
2. 掌握胡萝卜素的测定方法。

（二）实验原理

胡萝卜中的胡萝卜素可用生物学方法鉴定、溶剂分配和色谱技术测定。首先得到胡萝卜素水提取液，再用有机溶剂抽提，得到的有机提取液进行纸色谱。由于胡萝卜素极性比其他色素小，故在石油醚展层过程中，胡萝卜素移动速度最快，从而可将胡萝卜素和其他色素分开。用纸色谱法对胡萝卜素定量测定。

（三）仪器、材料与试剂

1. 仪器/器具

分液漏斗、组织捣碎机、蒸发皿、中速滤纸（16cm×20cm）、微量点样器100μL、色谱缸、锥形瓶（500mL）、脱脂棉、电子分析天平、紫外可见分光光度计、试管 1.5cm× 15cm

2. 材料

新鲜胡萝卜

3. 试剂

（1）石油醚：沸程 60～90℃（分析纯）。

（2）丙酮（分析纯）。

（3）展层剂：V（丙酮）：V（石油醚）=3：7。

（4）无水硫酸钠（分析纯）。

（5）5%硫酸钠溶液：称取 5g 无水硫酸钠溶于 100mL 蒸馏水中。

（6）β-胡萝卜素标准液（0.1mg/mL）：准确称取纯β-胡萝卜素 0.05g。先溶于数毫升氯仿中，再用石油醚稀释至 100mL，即为 0.5mg/mL，避光低温冰箱保存。将此液用石油醚稀释 5 倍，即得 0.1mg/mL 的标准应用液。

（四）实验步骤

1. β-胡萝卜素标准曲线的制作

（1）裁纸：按滤纸 16cm×20cm 大小制作 5 张，离长轴底端 2cm 处，用铅笔画一横线，在线中间±3cm 处点上两点。

（2）点样：准确分别吸取标准样液 100μL、80μL、60μL、40μL、20μL 在滤纸下端基线上两点间迅速来回进行带状点样，一次点完。

（3）展层：将点好样品的滤纸卷成圆筒状，固定两边后放入事先用石油醚饱和的色谱缸内，进行上行展层。缸内石油醚深度高度约 1cm 即可。

（4）绘制标准曲线：展层一定时间后，取出，吹干。剪下条带，分别放入已加入 5mL 石油醚的试管内，用石油醚做空白，用分光光度计在 450nm 处测定各管的吸光度值。以 A_{450nm} 为纵坐标，β-胡萝卜素含量（μg）为横坐标作图得标准曲线。

2. 胡萝卜素提取

（1）匀浆：称取切碎的胡萝卜小块 30g，加入 30.0mL 去离子水，于组织捣碎机中捣碎，使其成糊状匀浆。

（2）分离：将匀浆放入锥形瓶中，加入丙酮 200mL、石油醚 50mL，振摇 1min，静置后用放有脱脂棉的漏斗过滤至另一锥形瓶中。将此提取液转移至分液漏斗，萃取收集上层溶液。下层溶液再反复萃取 2 次，每次用石油醚 10mL、丙酮 40mL。将萃取得到的上层溶液合并，用 5%硫酸钠溶液 150mL 振摇洗涤，以除尽丙酮，防止乳化。在分液漏斗中加入 6.0g 无水硫酸钠，然后将提取液转入蒸发皿中，用少量石油醚分数次洗涤分液漏斗及硫酸钠固体上的色素，洗涤液一并转入蒸发皿。

将蒸发皿置于电炉上，浓缩至约 10mL 时，取下冷却挥干。待干时立即用约 5.00mL 石油醚沿皿壁将色素洗下，混匀后量取体积，并取样立即点样。

（3）点样：准确吸取待测样液 100μL，在滤纸下端基线上两点间迅速来回进行带状点样，一次点完。滤纸 16cm × 20cm，离长轴底端 2cm 处，用铅笔画一横线，在线中间±3cm 处点上两点。

（4）展层：将点好样品的滤纸卷成圆筒状，固定两边后放入事先用石油醚饱和的色谱缸内，进行上行展层。

（5）洗脱：待胡萝卜素与其他色素完全分离后，取出，用电吹风冷热风交替吹干滤纸，将胡萝卜素带剪下，立即放入盛有 5mL 石油醚的试管中，振摇使胡萝卜素全部浸出。以石油醚为空白，在波长 450nm 处比色。

（五）实验结果

按式(34-1) 计算胡萝卜素的质量。

$$m=\frac{m_1 \times V_2}{V_1 \times m_2} \times 100 \tag{34-1}$$

式中　m——100g 胡萝卜中胡萝卜素的质量，μg；

m_1——点样管内胡萝卜素的质量，μg；

V_1——样品点样的体积，mL；

V_2——浓缩后得到的样品总体积，mL；

m_2——胡萝卜的总质量，g。

（六）注意事项

匀浆要细颗粒，提取完全。

（七）思考题

1. 除胡萝卜外，还有哪些蔬菜中胡萝卜素含量高？
2. 测定胡萝卜素的实验方法还有哪些？

维生素习题集

1. 具有抗氧化作用的脂溶性维生素是（　　）

A. 维生素 C　　B. 维生素 E　　C. 维生素 A

D. 维生素 B_1　　E. 维生素 D

2. 下列哪个叙述是错误的（　　）

A. 维生素 A 是高分子醇

B. 维生素 C 也称抗坏血酸

C. 维生素 B_1 与维生素 B_2 具有类似的化学结构和生理功能

D. 维生素 D 含有类固醇核

E. 维生素 E 是脂溶性维生素

3. 缺乏维生素 B_1 可能引起下列哪一种症状？（　　）

A. 对称性皮炎　B. 不育　C. 坏血病　D. 恶性贫血　E. 脚气病

4. 人的饮食中长期缺乏蔬菜、水果会导致哪种维生素的缺乏？（　　）

A. 维生素 B_1　　B. 维生素 B_2　　C. 维生素 PP

D. 维生素 C　　E. 叶酸

5. 下面化合物哪种是维生素 E？（　　）

A. 脂肪酸　B. 生育酚　C. 胆固醇　D. 萘醌　E. 丙酮酸

6. 人类缺乏下列哪种维生素会患佝偻病或软骨病？（　　）

A. 维生素 A　　B. 维生素 B_5　　C. 维生素 C

D. 维生素 D　　E. 维生素 E

7. 夜盲症患者应补充下列哪种维生素？(　　)

A. 维生素 A　　B. 维生素 PP　　C. 维生素 C

D. 维生素 D　　E. 维生素 E

8. 人体缺乏维生素 B_{12} 时易引起（　　）

A. 唇裂　　B. 脚气病　　C. 恶性贫血　　D. 坏血病　　E. 佝偻病

第二篇　综合实验

实验三十五
小麦萌发前后淀粉酶活力的比较

(一) 实验目的

1. 学习分光光度计的原理和使用方法。
2. 学习测定淀粉酶活力的方法。
3. 了解小麦萌发前后淀粉酶活力的变化。

(二) 实验原理

种子中贮藏的糖类主要以淀粉的形式存在。淀粉酶能使淀粉分解为麦芽糖：

$$\underset{\text{淀粉}}{2(C_6H_{10}O_5)_n} + nH_2O \longrightarrow \underset{\text{麦芽糖}}{nC_{12}H_{22}O_{11}}$$

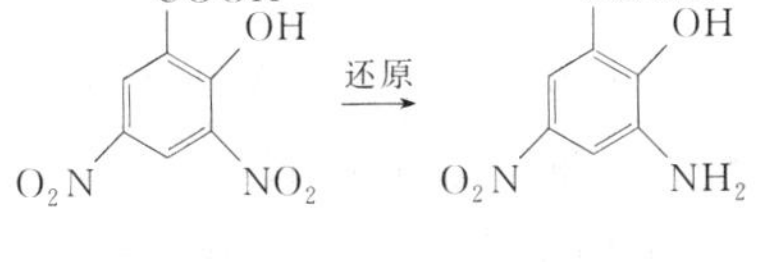

3,5-二硝基水杨酸　3-氨基-5-硝基水杨酸（棕色）

麦芽糖有还原性，能使3,5-二硝基水杨酸还原成棕色的3-氨基-5-硝基水杨酸。产物3-氨基-5-硝基水杨酸呈棕色，可用分光光度计法测定。

休眠种子的淀粉酶活力很弱，种子吸胀萌动后，酶活力逐渐增强，并伴随着发芽天数的增长而增加。本实验观察小麦种子萌发前后淀粉酶活力的变化。

（三）仪器、材料与试剂

1. 仪器/器具

分光光度计、离心机、恒温箱、恒温水浴锅、25mL 刻度试管、乳钵、离心管、100mL 量瓶

2. 材料

小麦种子、麦芽糖、淀粉、3,5-二硝基水杨酸、酒石酸钾钠、细砂、磷酸二氢钾（KH_2PO_4）、磷酸氢二钠（Na_2HPO_4）、氯化钠（NaCl）、氢氧化钠（NaOH）

3. 试剂

（1）1g/L 标准麦芽糖溶液

精确称量 100mg 麦芽糖，用少量水溶解后，移入 100mL 量瓶中，用蒸馏水定容。

（2）0.02mol/L 磷酸盐缓冲液（pH6.9）100mL

0.2mol/L 磷酸二氢钾 67.5mL 与 0.2mol/L 磷酸氢二钠 82.5mL 混合，稀释 10 倍。

（3）10.0g/L 淀粉溶液 100mL

1.0g 可溶性淀粉溶于 100mL 0.02mol/L 磷酸盐缓冲液中，其中含有 0.0067mol/L 氯化钠。

（4）10g/L 3,5-二硝基水杨酸试剂 100mL

1.0g 3,5-二硝基水杨酸溶于 20mL 2mol/L 的氢氧化钠溶液和 50mL 水中，再加入 30g 酒石酸钾钠，定容至 100mL。若溶液混浊，可过滤。

（5）10g/L 氯化钠溶液 300mL

（四）实验步骤

1. 种子发芽

小麦种子浸泡 2.5h 后，放入 25℃恒温箱内或在室温下发芽。小麦萌发所需要的时间与品种有关，若难以萌发，可适当延长浸泡时间和发芽时间。

2. 酶液提取

取发芽第 3 天或第 4 天的幼苗 15 株，放入乳钵内，加细砂 200mg，加 10g/L 氯化钠溶液 10mL，用力磨碎。在室温下放置 20min，搅拌几次。然后将提取液 1500r/min 离心 6～7min。将上清液倒入量筒，测定酶提取液的总体积。进行酶活力测定时，用缓冲液将酶提取液稀释 10 倍。

另取干燥种子或浸泡 2.5h 后的种子 15 粒作为对照（提取步骤同上）。

3. 酶活力测定

（1）取 25mL 刻度试管 4 支，编号。按表 35-1 要求加入各试剂，各试剂须在

25℃预热 10min。

表 35-1　各试剂用量

试剂＼管号	1	2	3	4
	种子(干燥或浸泡 2.5h 后)的酶提取液	发芽 3 或 4 天幼苗的酶提取液	标准管	空白管
酶液/mL	0.5	0.5	—	—
标准麦芽糖溶液/mL	—	—	0.5	—
10g/L 淀粉溶液/mL	1.0	1.0	1.0	1.0
水/mL	—	—	—	0.5

将各管混匀，放在 25℃水浴中，保温 3min 后立即向各管中加入 10g/L3,5-二硝基水杨酸溶液 2mL。

（2）取出各试管，放入沸水浴中加热 5min。冷至室温加水稀释至 25mL。将各管充分混匀。

（3）用空白管作对照，在 500nm 处测定各管的吸光度值。

（五）实验结果

1. 将 500nm 波长处读取的数值填入表 35-2。

表 35-2　各处理组吸光度

项目＼管号	1	2	3	4
	干燥种子的酶提取液	发芽 3、4 天幼苗的酶提取液	标准	空白
$A_{500\,nm}$				

2. 关于麦芽糖浓度的计算

根据溶液的浓度与吸光度值成正比的关系，即：

$$\frac{A_{标准}}{A_{未知}}=\frac{c_{标准}}{c_{未知}} \tag{35-1}$$

式中　$A_{标准}$——标准样吸光值；

$A_{未知}$——未知样（即酶液）的吸光值；

$c_{标准}$——标准样的麦芽糖浓度，g/L；

$c_{未知}$——未知样（即酶液）的麦芽糖浓度，g/L。

$$则\ c_{(酶液管中麦芽糖浓度)}=\frac{A_{酶}\times c_{标准}}{A_{标准}} \tag{35-2}$$

式中　$c_{标准}$——标准样的麦芽糖浓度，g/L；

$A_{酶}$——酶液的吸光值；

$A_{标准}$——标准样的吸光值。

本实验规定：25℃时 3min 内水解淀粉释放 1mg 麦芽糖所需的酶量为 1 个酶活力单位。则 15 粒种子或 15 株幼苗的

$$总活力单位 = c_{酶} \times n_{酶} \times V_{酶} \quad (35\text{-}3)$$

式中 $c_{酶}$——酶液中麦芽糖的浓度，g/L；

$n_{酶}$——酶液稀释倍数；

$V_{酶}$——提取酶液的总体积，mL。

（六）思考题

1. 为什么此酶提纯整个过程在0～5℃条件下进行？而测酶活力时要在25℃预保温？反应后又放入沸水浴中？

2. 实验结果说明什么？

实验三十六
酵母蔗糖酶的提取、纯化及效果分析

(一) 实验目的

了解酵母中蔗糖酶分离提取的基本方法和操作过程，学习掌握细胞破壁、有机溶剂分级沉淀及透析技术等酶（蛋白质）分离提取的常用技术；正确掌握蔗糖酶活力测定的原理和方法；理解酶（蛋白质）比活力、纯化倍数、产量（回收率）的概念，并会熟练计算。

(二) 实验原理

蔗糖酶又称转化酶，属糖苷酶之一，是催化蔗糖水解成为果糖和葡萄糖的一种酶，广泛存在于动植物和微生物中，主要从酵母中得到。1928年，Dumas等首先指出酵母菌发酵蔗糖时必须有这种酶的存在，蔗糖酶主要存在于酵母中，工业上多从酵母中提取。蔗糖酶在工业上用以转化蔗糖，增加甜味，制造人造蜂蜜，防止高浓度糖浆中的蔗糖析出，还用来制造含果糖和巧克力的软心糖等。酵母蔗糖酶系胞内酶，提取时破碎细胞或菌体自溶。

有机溶剂沉淀法即向水溶液中加入一定量的亲水性有机溶剂，可降低溶质的溶解度使其沉淀被析出。有机溶剂引起蛋白质沉淀的主要原因是有机溶剂使水溶液的介电常数降低，增加了两个相反电荷基团之间的吸引力，促进了蛋白质分子的聚集和沉淀。有机溶剂引起蛋白质沉淀的另一种解释认为与盐析相似，有机溶剂与蛋白质争夺水分子，致使蛋白质脱除水化膜，而易于聚集形成沉淀。有机溶剂沉淀法的分辨能力比盐析法高，即一种蛋白质或其他溶质只在一个比较窄的有机溶剂浓度范围内沉淀。沉淀不用脱盐，过滤比较容易。在生化制备中比盐析法应用广泛。但有机溶剂沉淀法易引起蛋白质变性失活，操作常需在低温下进行，且有机溶剂易燃、易爆，安全要求较高。

透析是将小分子与生物大分子分开的一种分离纯化技术，指小分子经过半透膜扩散到水（或缓冲液）。酶（蛋白质）的分子很大，其颗粒在胶体颗粒范围（直径1～100nm）内，所以不能透过半透膜。选用孔径合适的半透膜，由于小分子物质能够透过，而酶（蛋白质）颗粒不能透过，因此可使酶（蛋白质）和小分子物质分开。这种方法可除去和酶（蛋白质）混合的中性盐及其他小分子物质。透析是常用来纯化酶（蛋白质）的方法。由盐析、有机溶剂沉淀等所得的酶（蛋白质）沉淀，经过透析脱盐后仍可恢复其原有结构及生物活性。

蔗糖酶是一种水解酶，它能使蔗糖水解为果糖和葡萄糖。在一定范围内还原糖的量与反应液的颜色强度成一定比例关系，可用于比色测定。采用二硝基水杨酸（DNS）比色法测定单位时间内蔗糖酶水解蔗糖产生还原糖的含量，以之衡量蔗糖酶活性的高低。

实验采用自溶法从酵母中提取蔗糖酶，经体积分数30%的乙醇第一次分级沉淀，再经体积分数50%的乙醇第二次分级沉淀，制得较高纯度的酵母蔗糖酶溶液。通过所提取的酵母蔗糖酶对蔗糖进行水解，测定蔗糖酶的活性，并用考马斯亮蓝G-250染色法测定蛋白质浓度，据此计算酵母蔗糖酶的比活力、纯化倍数、产量（回收率）。

（三）仪器、材料和试剂

1. 仪器/器具

离心机、分光光度计、水浴锅、冰箱、电炉、量筒、刻度吸管、烧杯、试管及试管架、滴管

2. 材料

酵母粉（市售）

3. 试剂

DNS试剂、考马斯亮蓝G-250、磷酸缓冲液（1/150mol/L，pH6.0）、乙醇、醋酸钠、乙酸乙酯、10%醋酸、0.2mol/L醋酸缓冲液（pH4.7）、5%蔗糖、1mol/L氢氧化钠。

（四）实验步骤

1. 酵母蔗糖酶的分离纯化

（1）自溶。将5g酵母粉倒入500mL烧杯中，少量多次地加入15mL蒸馏水，搅拌均匀，成糊状后加入0.5g醋酸钠、8mL乙酸乙酯，搅匀，再于35℃恒温水浴中搅拌30min。

（2）抽提。补加蒸馏水10mL，搅匀，盖好，于35℃恒温过夜，4000r/min离心10min，弃沉淀，得E_1；量体积，取出2mL置于4℃冰箱保存，待测酶活力及蛋白质浓度（留样1）。

（3）乙醇分级和透析。测E_1 pH：用10%醋酸调pH至4.5。注意少量、慢加、搅匀，防止调过。

① 第一次乙醇分级（30%乙醇饱和度）。计算出使E_1的乙醇浓度达30%时，所需无水乙醇的体积记为X_1mL，将E_1和乙醇X_1放入冰浴中预冷，在不断搅拌

下缓慢滴加乙醇，4000r/min 离心 10min，弃沉淀，留上清，得到上清液，量体积得 E_2（取出 2mL 留样 2）。

② 第二次乙醇分级（50%乙醇饱和度）。同上法加入 X_2（为达 50%乙醇饱和度时需要补加的无水乙醇）。4000r/min 离心 10min，弃上清，沉淀立刻用 10mL pH6.0 的 1/150mol/L 磷酸缓冲液溶解，并装入透析袋，磷酸缓冲液透析过夜；次日，4000r/min 离心 10min，得 E_3，量体积（取出少量为留样 3）。

③ 测定样液的总蛋白、总活力，并据此计算比活力、回收率和纯化倍数。

2. 蔗糖酶活性测定

（1）葡萄糖浓度标准曲线的制作　参考实验三。

（2）酶活性的测定　取 5%的蔗糖、蔗糖酶提取液分别于 35℃水浴中预热 5min，若酶液浓度过高，用 0.2mol/L 的醋酸缓冲液（pH 4.7）适当稀释，按照表 36-1、表 36-2 所示测定蔗糖酶活性。

表 36-1　蔗糖酶水解蔗糖

试剂	试管号	
	0	1
5%蔗糖/mL	2	2
1mol/L NaOH/mL	0.5	—
酶液/mL	2	2
35℃水浴，3min		
1mol/L NaOH/mL	—	0.5

表 36-2　还原糖的测定

试剂	试管号		
	0	1	2
反应液/mL	0.5 （取自表 36-1 中 0 管）	0.5 （取自表 36-1 中 1 管）	0.5 （取自表 36-1 中 1 管）
DNS 试剂/mL	1.5	1.5	1.5
水/mL	1.5	1.5	1.5
沸水浴 5min 后，立即流水冷却			
水/mL	21.5	21.5	21.5
OD_{520nm}			

在葡萄糖标准曲线上找到所测定光吸收值对应的葡萄糖含量，按公式（36-1）计算酶活力：

$$蔗糖酶活力单位=葡萄糖质量(mg)\times 9\times 酶的稀释倍数 \qquad (36\text{-}1)$$

在本实验条件下，每 3min 释放 1mg 还原糖所需的酶量，定义为一个活力单位。

3. 蛋白质浓度测定

考马斯亮蓝 G-250 染色法（参考实验十四）

4. 蔗糖酶分离纯化效果计算

（五）实验结果

按表 36-3 计算蔗糖酶各步骤分离提取纯化的效果。

表 36-3　蔗糖酶分离纯化效果

留样	体积/mL	蛋白质浓度/(mol/L)	总蛋白/mg	活力/(U/mL)	总活力/U	比活力/(U/mg)	纯化倍数	产量（回收率）
1							1	100
2								
3								

注：纯化倍数＝每次比活力/第一次比活力，产量＝每次总活力/第一次总活力×100％。

（六）注意事项

1. 整个操作过程中，要注意各步骤之间的衔接，做好原始数据的记录和整理。

2. 有机溶剂沉淀是个放热过程，所以要在低温下进行。溶剂应预冷，加入时要边搅拌边滴加，以避免局部浓度过高使酶蛋白变性。

（七）思考题

1. 有机溶剂分级沉淀法分离提取酶（蛋白质）的原理及注意事项。

2. 根据实验数据，计算并分析蔗糖酶分离提取效果。

实验三十七
脲酶的分离纯化及酶学特性研究

（一）实验目的

掌握酶分离纯化的一般步骤及相关原理，熟悉黑豆脲酶分离纯化的方法步骤，学习冷丙酮沉淀、饱和硫酸铵分级沉淀、透析脱盐、DE-52 阴离子交换色谱、Sephadex G-200 凝胶色谱的工作原理和操作方法；掌握黑豆脲酶的反应进程曲线、米氏常数 K_m、最适 pH、酸碱稳定性、抑制剂类型的判断等动力学研究的一般原理和方法。

（二）实验原理

酶的纯化是研究酶的重要步骤。酶的分离纯化一般包括三个基本步骤：抽提、纯化、结晶或制剂。在分离纯化过程中的每一步都应检测酶的活性，以确定酶的纯化程度和回收率。蛋白质酶分离纯化方法主要有：盐析、离子交换色谱、凝胶色谱及电泳等。分离纯化时注意防止酶的变性失活。

盐析是蛋白质分离纯化中经常使用的方法，高浓度盐溶液的异性离子中和了蛋白质颗粒的表面电荷，从而破坏了蛋白质颗粒表面的水化层，降低了溶解度，使蛋白质从水溶液中沉淀出来，若加水稀释蛋白质沉淀可使蛋白质复溶。常用的中性盐有硫酸铵、硫酸钠、氯化钠等。

离子交换色谱是在以离子交换剂为固定相，液体为流动相的系统中进行的。此法广泛应用于多种生化物质（例如氨基酸、多肽、蛋白质、糖类、核苷和有机酸等）的分析、制备、纯化以及溶液的中和、脱色等方面。离子交换色谱能成功地把各种无机离子、有机离子或生物大分子物质分开，其主要依据是离子交换剂对各种离子或离子化合物有不同的结合力。

凝胶色谱法也称分子筛色谱法，是指混合物随流动相经过凝胶色谱柱时，各组分按其分子大小不同而被分离的技术。该法设备简单、操作方便、重复性好、样品回收率高，除常用于分离纯化蛋白质、核酸、多糖、激素等物质外，还可用于测定蛋白质的分子量以及高分子物质样品的脱盐和浓缩等。由于整个色谱分析过程中一般不变换洗脱液，犹如过滤一样，故又称凝胶过滤。效果较好的有葡聚糖凝胶、琼脂糖凝胶等。

聚丙烯酰胺凝胶是由单体丙烯酰胺（Acrylamide，Acr）和交联剂 N,N-甲基双丙烯酰胺（Methylene-bisacrylamide，Bis）在加速剂和催化剂的作用下聚合，并联结成三维网状结构的凝胶，以此凝胶为支持物的电泳称为聚丙烯酰胺凝胶电泳（Polyacrylamide gel electrophoresis，PAGE）。与其他凝胶相比，聚丙烯酰胺凝胶具有凝胶透明、有弹性、机械性能好、化学性能稳定、对 pH 和温度变化较稳定、几乎无电渗作用、样品分离重复性好、样品不易扩散、灵敏度可达 10^{-6}g、分辨率高等优点。PAGE 应用范围广，可用于蛋白质、酶、核酸等生物分子的分离、定性、定量及少量的制备，还可测定分子量、等电点等。聚丙烯酰胺凝胶电泳（PAGE）有圆盘（Disc）和垂直板（Vertical slab）型之分，由于垂直板型具有板薄、易冷却、分辨率高、操作简单、便于比较与扫描等优点，而为大多数实验室采用。

脲酶是能将尿素（脲）分解为氨和二氧化碳或碳酸铵的酶，广泛分布于植物的种子中，以大豆、刀豆中含量最为丰富，也存在于动物血液和尿中。某些微生物也能分泌脲酶。脲酶具有绝对专一性，特异性地催化尿素水解释放出氨和二氧化碳。因为脲酶作用于尿素生成氨离子，而后与次氯酸及苯酚钠溶液起反应，生成蓝色靛粉，进行比色，当色深时（约 20min），在 630nm 处有最大光吸收。氨的含量在 100μg 以下时，吸光度与浓度呈线性关系。因此，可用苯酚钠法测定脲酶的活性。本实验从黑豆中提取脲酶，粗酶液经石油醚脱脂、冷丙酮沉淀、饱和硫酸铵分级沉淀、透析脱盐、DE-52 阴离子交换色谱、Sephadex G-200 凝胶色谱后，运用聚丙烯酰胺凝胶电泳鉴定分离纯化效果，并对黑豆脲酶的反应进程曲线、米氏常数 K_m、最适 pH、酸碱稳定性、抑制剂类型的判断等酶学特性进行动力学分析。

进程速度是表明反应时间和底物或产物化学量之间的关系，由进程曲线可以了解反应随时间的变化情况，求得反应的初速度。测量初速度是为了避免有产物存在时造成的复杂性，同时还因酶在测定过程中有可能失活，测定酶反应用的时间，选择在酶反应的初速度范围，可得速度与被测溶液中的酶浓度成正比，不过通常所用的底物浓度至少要比酶的 K_m 大 5 倍。本实验在反应的最适条件（pH7.0，35%），有一定酶量和足够底物浓度条件下，测出一系列不同时间间隔实验点的相对产物变化量，并以此为横坐标，绘制进程曲线，进程曲线的起始直线部分表示反应初速度，由此可求出代表初速度的适宜反应时间。

对于符合米氏方程的酶类，通过测定底物浓度对反应速度的影响，可以测定米氏常数 K_m 和最大反应速度 v_{max}。测定时，首先确定反应的条件，包括温度、pH、酶浓度等。然后取不同浓度的底物与酶反应，分别测定不同底物浓度下的酶反应速度。然后用双倒数作图法和单倒数作图法等求 K_m 和 v_{max}。

双倒数作图法（Lineweaver-Burk 法）：将米氏公式改写成倒数形式，即将 $v=$

$\frac{v_{max}[S]}{K_m+[S]}$改写成$\frac{1}{v}=\frac{K_m}{v_{max}}\cdot\frac{1}{[S]}+\frac{1}{v_{max}}$，以$\frac{1}{v}$对$\frac{1}{[S]}$，得一直线（图 37-1），其纵轴截距为$\frac{1}{v_{max}}$，横轴截距为$-\frac{1}{K_m}$，斜率为$\frac{K_m}{v_{max}}$，一个酶促反应速度的倒数（$1/v$）对底物浓度的倒数（1/［S］）的作图。$x$ 和 y 轴上的截距分别代表米氏常数和最大反应速度的倒数。

单倒数作图法：将米氏公式改写成$\frac{[S]}{v}=\frac{K_m}{v_{max}}+\frac{1}{v_{max}}[S]$，以$\frac{[S]}{v}$对［S］作图（图 37-2）得一直线，其横轴截距为 K_m，纵截距为$\frac{K_m}{v_{max}}$，斜率为$\frac{1}{v_{max}}$。

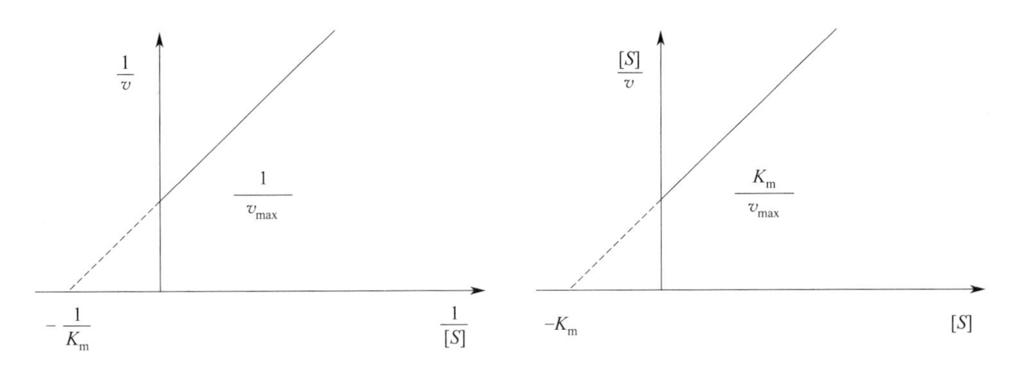

图 37-1　双倒数作图法

图 37-2　单倒数作图法

最适 pH 值的测定：酶促反应均有其最适 pH 值。通过测定不同 pH 值条件下酶的反应速度，就可以找出其最适 pH 值。测定时，其他条件保持一定，使用不同 pH 值的缓冲液测定酶的反应速度。然后以 pH 为横坐标，相对酶反应速度为纵坐标，绘出曲线，求出最适 pH 值。

添加某种物质后，使酶的催化活性增强的现象，称为酶的激活作用。起激活作用的物质称为激活剂。凡是使酶的催化活性减弱的现象称为酶的抑制作用。起抑制作用的物质称为抑制剂。为了测定激活剂和抑制剂对酶活性的影响，可在一定的条件下于反应液中添加不同量的激活剂或抑制剂，然后分别测定酶反应速度。以激活剂或抑制剂的浓度为横坐标，相对酶反应速度为纵坐标，可绘出酶的激活曲线或抑制曲线。抑制作用有竞争性抑制、非竞争性抑制和反竞争性抑制等几种。为了辨别抑制的类型，可以按测定底物浓度对酶反应速度影响的方法将反应分成几组（三组以上），每组的各试管中加入不同浓度的抑制剂，而各组的其他条件均互相对应，分别测定酶反应速度，然后以底物浓度的倒数$\frac{1}{[S]}$为横坐标、$\frac{1}{v}$为纵坐标，把各组的变化曲线绘制在同一图中，即可从图中辨别出抑制类型。

（三）仪器、材料和试剂

1. 仪器/器具

离心机、循环水真空泵、布氏漏斗、分光光度计、自动部分收集器、色谱柱、梯度混合器、核酸蛋白质检测仪、恒流泵、电泳仪、垂直电泳槽、脱色摇床、恒温水浴锅、冰箱、电炉、试剂瓶、培养皿、量筒、刻度吸管、烧杯、试管及试管架、滴管、计时器

2. 材料

黑豆、石油醚、丙酮、硫酸铵、0.1mol/L NaOH、0.1mol/L NaCl、0.1mol/L HCl、过硫酸铵、核黄素、蔗糖、甘氨酸、氯仿、0.2mol/L Na_2HPO_4、0.1mol/L 柠檬酸、三羟甲基氨基甲烷（Tris）、丙烯酰胺（Acr）、*N*,*N*′-亚甲基双丙烯酰胺（Bis）、*N*,*N*,*N*′,*N*′-四甲基乙二胺（TEMED）、0.8mol/L 磷酸盐缓冲液。

3. 试剂

（1）苯酚钠（质量浓度 1.25kg/L）：62.5g 苯酚溶于少量乙醇中，加 2mL 甲醇和 18.5mL 丙酮，用乙醇稀释至 100mL，放置于棕色小瓶内，冰箱贮用。27g NaOH 溶于蒸馏水中，并定容至 100mL。临用前将上述两种溶液各取 20mL 混合，蒸馏水定容至 100mL。此混合液不稳定，最好在临用前 10min 配制，用多少配多少。

（2）次氯酸钠（NaOCl）（含活性氯不少于 0.9%）：将 52mL 次氯酸钠（活性氯含量不少于 5.2%）用蒸馏水稀释至 300mL，贮于棕色瓶内。

（3）尿素（质量浓度为 5kg/mL）：25g 尿素溶于蒸馏水，并定容至 50mL。

（4）1/15mol/L，pH7.0 磷酸盐（PBS）缓冲液。

（5）0.1%溴酚蓝指示剂。

（6）染色液（0.05%考马斯亮蓝 R-250 的 20%磺基水杨酸染色液）：考马斯亮蓝 R-250 0.05g，磺基水杨酸 20g，加蒸馏水至 100mL，过滤后置试剂瓶内保存。

（7）脱色液：7%乙酸溶液。

（8）保存液：甘油 10mL，冰乙酸 7mL，加蒸馏水至 100mL。

（9）1%琼脂（糖）溶液：琼脂（糖）1g，加已稀释 10 倍的电极缓冲液，加热溶解，4℃贮藏，备用。

（10）10%尿素。

（11）0.1mol/L 尿素：600mg，蒸馏水溶解，定容至 100mL。

（12）0.03mmol/L Cu^{2+}（相当于反应体系终浓度 0.003mmol/L）：称 254.8mg 硫酸铜于试管中，加 10mL 去离子水溶解，配成 100mmol/L 浓度的 Cu^{2+}，然后取此溶液 1mL，加去离子水 9mL，配成 10mmol/L，依此类推，配成 0.1mmol/L Cu^{2+} 后，再取 0.1mmol/L Cu^{2+} 溶液 3mL，加去离子水 7mL，配成

0.03mmol/L Cu^{2+} 浓度。

（13）pH7.0，0.8mol/L 磷酸盐缓冲液。

（四）实验步骤

1. 脲酶分离纯化操作步骤

（1）脱脂、粗提　黑豆种子→捣碎成细粉状，取粉末 10g→加 4 倍体积石油醚 40mL 浸泡 20～30min→抽滤→加 4 倍体积石油醚 40mL 浸泡 20～30min→抽滤，得脱脂豆粉。

（2）初步纯化　脱脂豆粉加 5 倍体积水于 4℃冰箱，放置 18～24h→纱布过滤，滤液以 4000r/min 离心 15min，得上清液（2mL 留样 1）→4 倍体积冷丙酮，以 4000r/min 离心 15min，取沉淀以 100mL 蒸馏水溶解（2mL 留样 2）。

（3）饱和硫酸铵分级沉淀　100mL 蒸馏水溶解液中加入固体硫酸铵至饱和度为 30%→4000r/min 离心 15min，取上清液加入固体硫酸铵至饱和度为 60%→4000r/min 离心 15min，取沉淀溶于 30～50mL 蒸馏水→透析（1/150mol/L 磷酸盐缓冲液，pH7.0）18～24h→透析液（2mL 留样 3），备用上柱。

（4）离子交换色谱

① 离子交换剂的预处理：商品离子交换纤维素往往混有杂质，在用起始缓冲液溶胀前，必须进行酸、碱处理。

0.1mol/L NaOH ⟶ H_2O ⟶ 0.1mol/L HCl ⟶ H_2O→0.1mol/L NaOH 顺序处理，最后用水洗至 pH7.0，再用起始磷酸盐缓冲液悬浮平衡。具体如下：将干纤维素加入 0.1mol/L 的 NaOH+0.1mol/L 的 NaCl 溶液中（1g 干粉需要 15mL NaOH），使其自然沉降（不搅拌），可避免吸留气泡。浸泡至少 2min 后沥去水上漂浮的细粒，用布氏漏斗抽滤，再用水洗至滤液 pH 约为 8.0，加入 0.1mol/L 的 HCl 洗（浸泡 20min），抽滤、水洗游离的 HCl，再用 NaOH 洗，最后充分用水漂洗至 pH7.0（与起始缓冲液相同），最后加缓冲液（pH7.0）放置 1h 后，备用装柱。

② 装柱与平衡：取一支色谱柱→装入 1/150mol/L pH7.0 PBS→关闭出液管→前面处理好的二乙氨乙基纤维素 DEAE-cellulose 介质装入柱内→等 DEAE-cellulose 沉淀后→打开出液管，流速 1.5～2.0mL/min，平衡（2×柱体积）→检测仪上记录绘出的基线稳定后，即可上样。

③ 上样：上样量一般是根据离子交换介质的交换容量来确定，通常上样量不超过交换容量（E）的 10%～20%。（$W=V\times E$）

其中，E［交换容量/（mg/g）或（mg/mL）］＝测得的蛋白质的质量（mg）/离子交换介质的质量（g）或体积（mL）。

注意：加样量的多少，随实验目的的不同和样品中目的物的浓度以及其亲和力的不同而不同。

④ 洗脱、收集：上样至饱和后，用同一缓冲液进行梯度洗脱（pH7.0，1/150～1mol/L），控制其流速为 100～120mL/h。

仔细地通过取样检测有脲酶活性的蛋白峰，合并洗脱液（2L 留样 4）。

（5）凝胶色谱

① 浓缩：离子交换色谱中洗脱液转入处理好的透析袋中，以 PEG20000 冰箱低温浓缩 2～3h。

② 凝胶色谱：过 Sephadex G-200 柱（1.6cm×90cm），平衡，洗脱，取样检测有脲酶活性的蛋白峰，合并洗脱液（2L 留样 5）。

2. 苯酚钠法测定脲酶的活性

取 3mL 底物（50%尿素）、3mL 酶液分别于 35℃预热 5min。按表 37-1 测定酶活。

表 37-1 苯酚钠法测定脲酶的活性

试剂	管号		
	0	1	2
50%尿素/mL	1	1	1
酶液/mL		1	1
缓冲液/mL	1		
混合，摇匀			
35℃，反应 15min			
0.1mol/L HCl/mL	0.5	0.5	0.5
苯酚钠/mL	2	2	2
NaOCl/mL	1.5	1.5	1.5
发色反应 30min			
OD_{630nm}			

3. 蛋白质浓度测定——考马斯亮蓝 G-250 染色法（参考实验十四）

4. 黑豆脲酶的纯度和产量

提纯的目的，不仅在于得到一定量的酶，而且要求得到不含或尽量少含其他杂蛋白的酶制品。在纯化过程中，除了要测定一定体积或一定质量的酶制剂中含有多少活力单位外，还需要测定酶制剂的纯度。酶的纯度用比活力表示（表 37-2）。

表 37-2 黑豆脲酶分离纯化结果计算

留样编号	体积/mL	蛋白质浓度/(mg/mL)	总蛋白质/mg	活力/(U/mL)	总活力/U	比活力/(U/mg)	纯化倍数	产量（回收率）
1							1	100
2								
3								
4								
5								

注：纯化倍数＝每次比活力/第一次比活力，产量＝每次总活力/第一次总活力×100%。

5. 黑豆脲酶的纯度鉴定——聚丙烯酰胺凝胶电泳 (PAGE)

(1) 凝胶贮备液和缓冲液的配制

按照表 37-3 配制凝胶贮备液和缓冲液。

表 37-3 凝胶贮备液和缓冲液配制表

贮备液	100mL 中含量	pH	配制溶液时比例
A	1mol/L HCl 48mL Tris 36g TEMED 0.24mL	8.9	分离胶 A∶C∶水∶G=1∶2∶1∶4 凝胶浓度 7.5%，pH8.9
C	Acr 30g Bis 0.8g		
G	过硫酸铵 0.14g	8.9	
B	1mol/L HCl 48mL Tris 5.9g TEMED 0.46mL	6.7	浓缩胶 B∶D∶E∶F=1∶2∶1∶4 凝胶浓度 2.5%，pH6.7
D	Acr 10g Bis 2.5g	6.7	
E	核黄素 4mg	6.7	
F	蔗糖 40g	6.7	
电极缓冲液	Tris 6g 甘氨酸 28.8g 水定容至 1000mL	8.3	使用时稀释 10 倍

制备凝胶应选用高纯度的试剂，否则会影响凝胶聚合与电泳效果。Acr 及 Bis 是制备凝胶的关键试剂，如含有丙烯酸或其他杂质，则造成凝胶聚合时间延长，聚合不均匀或不聚合，应将它们分别纯化后方能使用。Acr 及 Bis 均为神经毒剂，对皮肤有刺激作用，实验表明小鼠的半致死剂量为 $170mg \cdot kg^{-1}$，操作时应戴手套及口罩，纯化应在通风橱中进行。

Acr 的纯化：称 70g Acr 溶于 1000mL 5℃ 预热的氯仿中，溶解后趁热过滤冷却，置−20℃低温冰箱中，则有白色结晶析出，用预冷的布氏漏斗抽滤，收集白色结晶，再用预冷的氯仿淋洗几次，真空干燥后置棕色瓶中密封贮存。Acr 的熔点为 (84.5±0.3)℃。纯 Acr 水溶液 pH 值应是 4.9～5.2，其 pH 值变化不大于 0.4 就能使用。

Bis 的纯化：称 12g Bis，使其溶于 1000mL 预热 40～50℃的丙酮中，趁热过滤冷却后，置−20℃低温冰箱中，待结晶析出后，用预冷的布氏漏斗抽滤，收集结晶，用预冷丙酮洗涤数次，真空干燥后置棕色瓶中密封保存，Bis 熔点为 185℃。

Acr 和 Bis 的贮液在保存过程中，由于水解作用而形成丙烯酸和 NH_3，虽然溶液放在棕色试剂瓶中，4℃贮存能部分防止水解，但也只能贮存 1～2 个月，可测 pH (4.9～5.2) 来检查试剂是否失效。

(2) 安装垂直板电泳槽

按照说明书安装垂直板电泳槽。由于与凝胶聚合有关的硅橡胶条、玻璃板表面不光滑洁净，在电泳时会造成凝胶板与玻璃板或硅橡胶条剥离，产生气泡或滑胶；剥胶时凝胶板易断裂，为防止此现象，所用器材均应严格清洗。硅橡胶条的凹槽、样品槽模板及电泳槽用泡沫海绵蘸取“洗洁净”仔细清洗。玻璃板浸泡在重铬酸钾洗液 3～4h 或 0.2mol/L KOH 的乙醇溶液中 20min 以上，用清水洗净，再用泡沫海绵蘸取“洗洁净”反复刷洗，最后用蒸馏水冲洗，直接阴干或用乙醇洗后阴干。

用琼脂（糖）封底及灌凝胶时不能有气泡，以免影响电泳时电流通过。

（3）制备凝胶板

PAGE 有连续体系与不连续体系 2 种，其灌胶方式不完全相同，分别叙述如下。

① 连续体系：从冰箱取出各种贮备液，平衡至室温后，按表 37-3 的配比即 A∶C∶水∶G=1∶2∶1∶4 配制凝胶。前 3 种溶液混合在一小烧杯内，G 号液单独置另一小烧杯，二者抽气后轻轻混匀，立即用细长头的滴管将分离胶溶液加到凝胶模长、短玻璃板间的狭缝内，当加至距短玻璃板上缘约 0.5cm 时，停止加胶，轻轻将样品槽模板插入。在上、下贮槽中倒入蒸馏水，液面不能超过上贮槽的短玻璃板，防止蒸馏水进入凝胶中。其作用是增加压力，防止凝胶液渗漏。凝胶液在混合后 15min 开始聚合，0.5～1h，完成聚合作用。

凝胶完全聚合后，必须放置 30～60min，使其充分“老化”后，才能轻轻取出样品槽模板，切勿破坏加样凹槽底部的平整，以免电泳后区带扭曲。聚合后，在样品槽模板梳齿下缘与凝胶界面间形成折射率不同的透明带。看到透明带后继续放置 30min，再用双手取样品槽模板。取时动作要轻，用力均匀，以防弄破加样凹槽。凹槽中残留液体可用窄滤纸条轻轻吸去，切勿插进凝胶中，应保持加样槽凹边缘平整。放掉上、下贮槽中的蒸馏水。在上、下两个电极槽倒入电极缓冲液，液面应没过短玻璃板上缘约 0.5cm。也可以先加电极缓冲液，然后拔出样品槽模板。

分离胶预电泳：虽然凝胶 90%以上聚合，但仍有一些残留物存在，特别是过硫酸铵（AP）可引起某些样品（如酶）钝化或引起人为的效应，因此在正式电泳前，先用电泳的办法除去残留物，这称为预电泳。是否进行预电泳取决于样品的性质。一般预电泳电流为 10mA，60min 左右即可。

② 不连续体系：不连续体系采用不同孔径及 pH 分离胶与浓缩胶，凝胶制备应分 2 步进行。

分离胶制备：根据实验要求，选择最终丙烯酰胺的浓度，本实验需 20mL pH8.9 7.0%聚丙烯酰胺（PAA）溶液，配制方法参照表 37-4。其加胶方式不同于连续系统。混合后的凝胶溶液，用细长头的滴管加至长、短玻璃间的窄缝内，加胶高度距样品模板梳齿下缘约 1cm。用 1mL 注射器在凝胶表面沿玻璃板边缘轻轻加一层重蒸水（3～4mm），用于隔绝空气，使胶面平整。为防止渗漏，在上、下贮槽中加入略低于胶面的蒸馏水。30～60min 凝胶完全聚合，则可看到水与凝固的胶面有折射率不同的界线。用滤纸条吸去多余的水，但不要碰破胶面。如需预电泳，则将上、下槽的蒸馏水倒去，换上分离胶缓冲液，10mA 电流电泳 1h，终止电泳后，弃去分离胶缓冲液，用注射器取浓缩胶缓冲液洗涤胶面数次，即可制备浓缩胶。

浓缩胶制备：浓缩胶为 pH6.7 2.5%PAA，其配制方法见表 37-4。即试剂(4)∶(5)∶(6)∶(7)=1∶2∶4∶1，混合均匀后用细长头的滴管将凝胶溶液加到长、短玻璃板的窄缝内（即分离胶上方），距短玻璃板上缘 0.5cm 处，轻轻加入样品槽模板。在上、下贮槽中加入蒸馏水，但不能超过短玻璃板上缘。在距电极槽 10cm 处，用日光灯或太阳光照射，进行光聚合，但不要造成大的升温。在正常情况下，照射 6～7min，则凝胶由淡黄透明变成乳白色，表明聚合作用开始。继续光照 30min，使凝胶聚合完全。光聚合完成后放置 30～60min，轻轻取出样品槽模板，用窄条滤纸吸去样品凹槽中多余的液体，加入稀释 10 倍 pH8.3 的 Tris-甘氨酸电极缓冲液，使液面没过短玻璃板约 0.5cm，即可加样。

表 37-4　不同浓度分离胶及浓缩配制

	试剂	20mL PAA 终浓度					
		5.5%	7.0%	10.0%	5.0%	7.5%	10.0%
分离胶	(1)分离胶缓冲液 pH8.9 Tris-HCl(TEMED)/mL	2.50	2.50	2.50	2.50	2.50	2.50
分离胶	(2)凝胶贮液 A. 28%Acr-0.375%Bis/mL	3.93	5.00	7.14	—	—	—
分离胶	B. 30%Acr-0.8%Bis/mL	—	—	—	3.33	5.00	7.14
分离胶	重蒸馏水/mL	3.57	2.50	0.36	4.17	2.50	0.83
分离胶	充分混匀后，置真空干燥器中，抽气 10min						
分离胶	(3)0.14%AP/mL	10	10	10	10	10	10
浓缩胶	试剂	2.5%PAA			3.75%PAA		
浓缩胶	(4)浓缩胶缓冲液 pH6.7 Tris-HCl(TEMED)/mL	1			1		
浓缩胶	(5)浓缩胶贮液 10% Acr-2.5% Bis/mL	2			3		
浓缩胶	(6)40%蔗糖/mL	4			3		
浓缩胶	充分混匀后，置真空干燥器中，抽气 10min						
浓缩胶	(7)0.004% 核黄素/mL	1			1		

（4）加样

作为分析用的 PAGE 加样量仅需几微克，2～3μL 血清电泳后就能分出几十条蛋白质区带。为防止样品扩散，应在样品中加入等体积 40%蔗糖（内含少许溴酚蓝）。用微量注射器取 5μL 上述混合液，通过缓冲液，小心地将样品加到凝胶凹形样品槽底部，待所有凹形样品槽内部加了样品，即可开始电泳。为防止电泳后区带拖尾，样品中盐离子强度应尽量低，含盐的样品可用透析法或滤胶过滤法脱盐，最大加样量不得超过 100μg/100μL。

(5) 电泳

打开电泳仪开关，开始时将电压调至80V。待样品进入分离胶时，将电压调至100V。电泳结束时，用不锈钢铲轻轻将一块玻璃板撬开移去，在胶板一端切除一角作为标记，将胶板移至大培养皿。电泳时，电泳仪与电泳槽间正、负极不能接错，以免样品反方向泳动，电泳时应选用合适的电流、电压，过高或过低均可影响电泳效果。

(6) 固定、染色

本实验采用0.05%考马斯亮蓝R-250（内含20%磷基水杨酸）染色液，染色与固定同时进行，染色液没过胶板，染色30min左右。

(7) 脱色

用7%乙酸浸泡漂洗数次，直至背景蓝色褪去。如用50℃水浴或脱色摇床，则可缩短脱色时间。

(8) 制备凝胶干板

1mm以上的胶板常用凝胶真空器制备干板。如无此仪器可将脱色后的胶板浸泡在保存液中3～4h。制干板时在大培养皿上，平放一块干净玻璃板（13cm×13cm），倒少许保存液在玻璃板上，使其均匀涂开，取一张预先用蒸馏水浸透的玻璃纸平铺在玻璃板上，赶走气泡，小心取出凝胶板平铺在玻璃纸上，赶走两者间的气泡。再取另一张蒸馏水浸透的玻璃纸覆盖在凝胶板上，赶走气泡，将四边多余的玻璃纸紧紧贴于玻璃板的背面。平放于桌上自然干燥1～2d，完全干后除去玻璃板，即可得到平整、透明的干胶板，此干板可长期保存，便于定量扫描。

6. 脲酶的动力学分析

(1) 进程曲线的制作（表37-5）

取试管17支，编号1～8，1′～8′（每种并列2支），一支空白，各试管分别加入1mL 10%尿素和盛有酶液的小三角瓶在25℃恒温水溶液中同时预热5min。精确计时，于各管内分别加入1mL酶液（1mg/mL），剧烈摇匀，然后按时间间隔5min、10min、15min、20min、25min、30min、40min、60min加0.1mol/L HCl 0.5mL终止反应，加入2mL苯酚钠溶液和1.5mL NaOCl溶液，并充分摇匀，1支空白以1mL缓冲液代替酶液，发色20min，以空白作对照，于630nm比色测定（表37-5）。

表37-5 进程曲线的制作

项目	管号							
	1	2	3	4	5	6	7	8
反应时间/min	5	10	15	20	25	30	40	60
OD_{630}(×)								
OD_{630}(×′)								
平均								

以反应时间为横坐标，OD_{630} 为纵坐标作出进程曲线。由进程曲线求出代表初速度的反应时间。

（2）米氏常数 K_m 的测定

① 按表 37-6 配制 10mmol/L、20mmol/L、30mmol/L、40mmol/L 尿素液。

表 37-6　尿素液配制各试剂用量

项目	配制的尿素浓度/(mmol/L)			
	10	20	30	40
反应终浓度/(mol/L)	5	10	15	20
0.1mol/L 尿素/mL	1	2	3	4
磷酸盐缓冲液(1/15mol/L,pH7.0)/mL	9	8	7	6

② 操作步骤：取试管 9 支，编号 1～4，每种平行做 2 支，设空白，按表 37-6 吸各种浓度尿素 1mL，在 35℃恒温水浴中预热 5min，酶液也同时预热，逐管计时加酶液 1mL。在 35℃恒温水浴反应 15min，加 0.1mol/L HCl 0.5mL 终止反应，加苯酚钠 2mL，NaOCl 1.5mL 反应 20min，630nm 处比色测定 OD 值。米氏常数的计算结果记录于表 37-7。

表 37-7　米氏常数的计算

项目	管号			
	1	2	3	4
尿素终浓度[S]/(mmol/L)				
1/[S]				
v $1/v$ $[S]v$				

用两种方法作图：倒数作图法：$1/v$ 为纵坐标，1/［S］为横坐标，由直线在横轴上的交点为$-1/K_m$，计算得 K_m；［S］/v 对［S］作图，以［S］/v 为纵坐标，以［S］为横坐标，由直线在横轴上的交点为 K_m。

7. pH 对酶活性的影响及酸碱稳定性的测定

（1）不同 pH 配制

不同 pH 试剂的配制如表 37-8 所示。

表 37-8　不同 pH 试剂的配制　　单位：mL

试剂	pH					
	5.0	6.0	7.0	8.0	9.0	
0.2mol/L Na_2HPO_4	10.30	12.63	16.47	19.5	8.0	0.05mol/L 硼砂
0.1mol/L 柠檬酸	9.70	7.37	3.53	0.55	2.0	0.2mol/L 硼砂

（2）pH 与酶活的关系

取试管 11 支，每种平行做 2 支，按表 37-9 加入溶液及进行操作。

表 37-9 pH 与酶活关系各试剂加入量 单位：mL

项目	管号					
	1	2	3	4	5	空白
反应 pH	5.0	6.0	7.0	8.0	9.0	
缓冲液 [pH7.0,1/15 $(mol \cdot L^{-1})$]	1.8	1.8	1.8	1.8	1.8	
尿素	0.2	0.2	0.2	0.2	0.2	0.2
酶液	0.2	0.2	0.2	0.2	0.2	
H_2O						0.2
35℃,反应 15min,加 0.1mol/LHCl 0.5mL 终止反应						
苯酚钠	2	2	2	2	2	2
NaOCl	1.5	1.5	1.5	1.5	1.5	1.5
反应 30min						
OD_{630}						

以反应 pH 为横坐标，为 OD_{630} 为纵坐标，绘制 pH-酶活性曲线，并分析本实验条件下该酶的最适 pH 范围。

(3) 酸碱稳定性的测定

取试管 11 支，每种平行做 2 支，按表 37-10 加入溶液及进行操作。

表 37-10 酸碱稳定性测定各试剂用量 单位：mL

项目	管号					
	1	2	3	4	5	空白
处理的 pH	5.0	6.0	7.0	8.0	9.0	
缓冲液	0.2	0.2	0.2	0.2	0.2	
酶液	0.2	0.2	0.2	0.2	0.2	
H_2O						0.4
35℃,反应 1h						
PBS 缓冲液 [pH7.0,1/15 (mol/L)]	1.6	1.6	1.6	1.6	1.6	1.6
尿素(50%)	0.2	0.2	0.2	0.2	0.2	0.2
35℃,反应 15min,加 0.1mol/L HCl 0.5mL 终止反应						
苯酚钠	2	2	2	2	2	2
NaOCl	1.5	1.5	1.5	1.5	1.5	1.5
反应发色 30min						
OD_{630}						

以处理的 pH 为横坐标，OD_{630} 为纵坐标，绘制 pH 稳定曲线，并分析本实验条件下该酶的酸碱稳定范围。

8. 抑制剂类型的判断

(1) 酶液的配制

按表 37-11 加入各试剂配制不同浓度的酶液。

表 37-11　酶液配制各试剂用量

项目	配制浓度/(mg/mL)		
	1.0	2.0　4.0　6.0	8.0
相当反应系统终浓度/(mg/mL)	0.25	0.5　1.0　1.5	2.0
10mg/mL 酶/mL	0.5	1.0　2.0　3.0	4.0
去离子水/mL	4.5	4.0　3.0　2.0	1.0

(2) 各种浓度磷酸盐配制

按表 37-12 加入试剂配制不同浓度的磷酸盐溶液。

表 37-12　配制不同浓度磷酸盐溶液各试剂用量

试剂	配制浓度/(mol/mL)		
	0.8	0.4	0.1
0.8mol/L 磷酸盐缓冲液/mL	10	5	1.25
去离子水/mL	0	5	8.75

(3) $CuSO_4$ 和磷酸盐缓冲液抑制类型（可逆或不可逆）的判断

在固定的抑制浓度（$CuSO_4$ 终浓度是 0.003mmol/L，磷酸盐缓冲液浓度为 0.4mol/L）和一系列不同酶浓度下进行初速度测定，每种酶浓度重复做 2 支，以下 3 组同时做。

① 无抑制物组（表 37-13）：取试管 11 支，编号 1～5，每种平行做 2 支，1 支空白。

表 37-13　无抑制物组　　　　单位：mL

项目	管号					
	1	2	3	4	5	空白
1/15mol/L 缓冲液 pH7.0	1	1	1	1	1	1
酶液/mL	(1mg/mL) 0.5	(2mg/mL) 0.5	(4mg/mL) 0.5	(6mg/mL) 0.5	(8mg/mL) 0.5	(1mg/mL) 0.5
	35℃恒温水浴预热 5min，逐管计时					
0.1mol/L 尿素	0.5	0.5	0.5	0.5	0.5	
	摇匀，各管精确反应 15min，加 0.1mol/L HCl0.5mL 终止反应					
苯酚钠	2	2	2	2	2	2
NaOCl	1.5	1.5	1.5	1.5	1.5	1.5
0.1mol/L 尿素						0.5
	充分摇匀，发色 20min					
OD_{630}						

② 磷酸盐缓冲液抑制组（表 37-14）：取试管 11 支，编号 1～5，每种平行做 2

支，1 支空白。

表 37-14　磷酸盐缓冲液抑制组　　单位：mL

项目	管号					
	1	2	3	4	5	空白
0.8mol/L pH 7.0 缓冲液	1	1	1	1	1	1
酶液	(1mg/mL) 0.5	(2mg/mL) 0.5	(4mg/mL) 0.5	(6mg/mL) 0.5	(8mg/mL) 0.5	(1mg/mL) 0.5
	35℃恒温水浴预热 5min，逐管计时					
0.1mol/L 尿素	0.5	0.5	0.5	0.5	0.5	
	摇匀，各管精确反应 15min，加 0.1mol · L^{-1} HCl 0.5mL 终止反应					
苯酚钠	2	2	2	2	2	2
NaOCl	1.5	1.5	1.5	1.5	1.5	1.5
0.1mol/L 尿素						0.5
	充分摇匀，发色 20min					
OD_{630}						

③ $CuSO_4$ 组（表 37-15）：取试管，编号 1-5，每种平行做 2 支，1 支空白。

表 37-15　$CuSO_4$ 组　　单位：mL

项目	管号					
	1	2	3	4	5	空白
0.03mmol/L $CuSO_4$	0.2	0.2	0.2	0.2	0.2	0.2
1/15mol/L pH7.0 缓冲液	0.8	0.8	0.8	0.8	0.8	0.8
酶液	(1mg/mL) 0.5	(2mg/mL) 0.5	(4mg/mL) 0.5	(6mg/mL) 0.5	(8mg/mL) 0.5	(1mg/mL) 0.5
	35℃恒温水浴预热 5min，逐管计时					
0.1mol/L 尿素	0.5	0.5	0.5	0.5	0.5	
	摇匀，各管精确反应 15min，加 0.1mol/L HCl 0.5mL 终止反应					
苯酚钠	2	2	2	2	2	2
NaOCl	1.5	1.5	1.5	1.5	1.5	1.5
0.1mol/L 尿素						0.5
	充分摇匀，发色 20min					
OD_{630}						

各组以相对酶浓度为横坐标，OD_{630} 为纵坐标作图，根据曲线比较分析讨论所属抑制类型。

（4）磷酸盐缓冲液抑制类型（竞争性、非竞争性或反竞争性）的判断

磷酸盐离子在 3 种不同浓度（终浓度分别为 0.4mol/L、0.2mol/L、0.05mol/L）的 3 组中，分别在底物不同浓度下（尿素的终浓度分别为 0.02mol/L、0.04mol/L、0.06mol/L、0.1mol/L）进行初速度实验。

取试管 25 支，编号 1～12，每种平行做 2 支，1 支空白。按表 37-16 加入各试剂。

表 37-16　磷酸盐缓冲液抑制类型的判断

分组	管号	1mL pH7.0 磷酸盐缓冲液/(mol/L)	0.5mL 尿素/(mol/L)	预热	0.5mL 酶液/(mg/mL)	反应	苯酚钠/mL	NaOCl/mL	OD_{630} $1/v$-1/[S]
一组	1	0.8	0.02	35℃恒温水浴预热5min，精确计时	10	摇匀，各管精确反应15min，加0.1mol/L HCl 0.5mL终止反应	2	1.5	充分摇匀，室温发色30min
	2		0.04		10		2	1.5	
	3		0.06		10		2	1.5	
	4		0.10		10		2	1.5	
二组	5	0.4	0.02		10		2	1.5	
	6		0.04		10		2	1.5	
	7		0.06		10		2	1.5	
	8		0.10		10		2	1.5	
三组	9	0.1	0.02		10		2	1.5	
	10		0.04		10		2	1.5	
	11		0.06		10		2	1.5	
	12		0.10		10		2	1.5	
空白	0	0.1	0.02		H_2O		2	1.5	

绘制 $1/v$-1/［S］坐标图，通过比较分析讨论磷酸盐缓冲液所属抑制类型。

（五）注意事项

1. 酶分离纯化的目的是将酶以外的所有杂质尽可能地除去，因此，在整个分离纯化过程中要注意防止酶的变性失活。

2. 酶具有催化活性。在整个分离纯化过程中要始终检测酶活性，跟踪酶的路径，为选择适当方法和条件提供直接依据。在工作过程中，从原料开始每步都必须检测酶活性。一个好的方法和措施会使酶的纯度提高倍数大，活力回收高，同时重复性好。

3. 聚丙烯酰胺凝胶电泳实验中，在不连续电泳体系中，预电泳只能在分离胶聚合后进行，洗净胶面后才能制备浓缩胶；浓缩胶制备后，不能进行预电泳，以充分利用浓缩胶的浓缩效应。

4. 黑豆脲酶动力学分析实验中，所有试管要保持洁净，加入试剂量要准确，控制反应时间要精确。

（六）思考题

1. 根据实验，从哪些方面可以鉴定黑豆脲酶的分离纯化效果？

2. 根据实验数据，综合分析黑豆脲酶的反应进程曲线、米氏常数 K_m、最适 pH 值、酸碱稳定性。

3. 试用本实验结果解释酶的最适 pH 值和酶的最稳定 pH 值是否为统一概念。为什么？

4. 整理实验数据，并根据实验结果判断脲酶的二种抑制物 Cu^{2+} 和磷酸盐离子属于可逆还是不可逆抑制，判断 0.8mol/L 磷酸缓冲液的抑制作用是属于竞争性、非竞争性还是反竞争性。

实验三十八
大肠埃希菌质粒 DNA 的提取、酶切和琼脂糖凝胶电泳鉴定

(一) 实验目的

掌握大肠埃希菌质粒 DNA 的快速提取方法以及琼脂糖凝胶电泳检测 DNA 的基本方法。

(二) 实验原理

质粒（Plasmid）（图 38-1）是一种染色体外的稳定遗传因子。大小在 1～200kb 之间，为双链闭合环状结构的 DNA 分子。主要发现于细菌、放线菌和真菌细胞中。质粒具有自主复制和转录能力，子代细胞保持它们恒定的拷贝数，可表达它携带的遗传信息。

所有质粒 DNA 的提取方法都包括 3 个基本步骤：培养细菌使质粒扩增、收集和裂解细菌以及提取和鉴定质粒 DNA。碱裂解法的基本原理是根据共价闭合环状质粒 DNA 与线性染色体 DNA 在拓扑学上的差异进行质粒的提取。在强碱性条件下（pH12～12.5），线性的 DNA 被变性从而打开双螺旋结构，而质粒 DNA 的两条互补链彼此仍然相互缠绕，紧密结合在一起。加入 pH 值 4.8 的醋酸钾高盐缓冲液后，溶液 pH 恢复至中性，质粒 DNA 的两条互补链仍保持在一起，因此复性迅速而准确，而线性染色体 DNA 的两条互补链复性不会如此迅速而准确，它们缠绕形成网状结构，通过离心，染色体 DNA 与不稳定的大分子 RNA、蛋白质-SDS 复合物等一起沉淀下来，而质粒 DNA 留在上清液中，用无水乙醇沉淀洗涤，就可以提取得到质粒 DNA。

DNA 重组技术是用内切酶分别将载体和外源 DNA 切开，经分离纯化后，用连接酶将其连接，构成新的 DNA 分子。限制性内切酶能特异地结合于一段被称为限制性酶识别序列的 DNA 序列之内或其附近的特异位点上，并切割双链 DNA。如 *Eco*RⅠ切割识别序列后产生两个互补的黏性末端。

5′…G↓AATTC…3′→5′…G AATTC…3′

3′…CTTAA↑G…5′→3′…CTTAA G…5′

限制性内切酶的酶解反应最适条件各不相同，各种酶有其相应的酶切缓冲液和最适反应温度（大多数为37℃）。对质粒DNA酶切反应而言，限制性内切酶用量可按标准体系1μg DNA加1单位酶，消化1～2h。但要完全酶解则必须增加酶的用量，一般增加2～3倍，甚至更多，反应时间也要适当延长。

酶活力通常用酶单位（U）表示，酶单位的定义是：在最适反应条件下，1小时完全降解1mg λDNA的酶量为一个单位，但是许多实验制备的DNA不像λDNA那样易于降解，需适当增加酶的使用量。反应液中加入过量的酶是不合适的，除考虑成本外，酶液中的微量杂质可能干扰随后的反应。

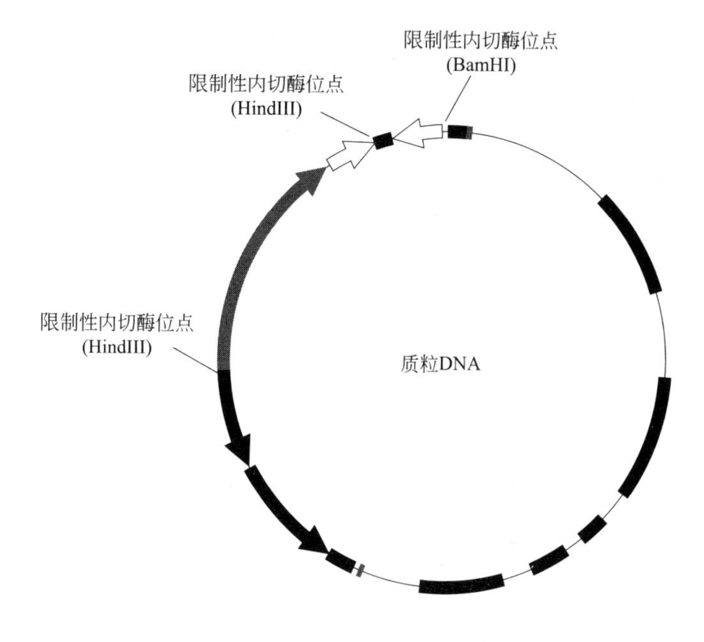

图38-1　质粒DNA

在细胞内，共价闭环DNA（Covalently closed circular DNA，cccDNA）常以超螺旋形式存在。若两条链中有一条链发生一处或多处断裂，分子就能旋转而消除链的张力，这种松弛型的分子称为开环DNA（Open circular DNA，ocDNA）。在电泳时，同一质粒如以cccDNA形式存在，它比其开环和线状DNA的泳动速度都快，因此在电泳检测时，同一种质粒DNA有可能呈现三条显色区带。

（三）仪器、材料与试剂

1. 仪器/器具

微量移液器（10μL、100μL、1000μL）、台式高速离心机（20000r/min）、恒温培养箱、恒温摇床、琼脂糖凝胶电泳系统、紫外线透射仪、高压灭菌锅、常用玻璃仪器及滴管等、吸头、小离心管、一次性手套

2. 材料

含相应质粒的大肠埃希菌菌种、葡萄糖、琼脂糖、十二烷基硫酸钠（SDS）、三羟甲基氨基甲烷（Tris）、乙二胺四乙酸（EDTA）、氢氧化钠（NaOH）、冰醋酸（CH_3COOH）、氯仿、无水乙醇（CH_3CH_2OH）、胰蛋白酶、氨苄青霉素（Amp）、蔗糖、溴酚蓝、苯酚、巯基乙醇、硼酸、DNA标记物（Marker）、无菌水、溴酚蓝、Golden View、10×缓冲液，*Hind* Ⅲ核酸内切酶、LB液体培养基。

3. 试剂

（1）溶液Ⅰ 4mL

50mmol/L蔗糖、25mmol/L Tris-HCl（pH8.0）、10mmol/L EDTA（pH8.0）

（2）溶液Ⅱ 8mL

0.4mol/L NaOH、20g/L SDS，用前等体积混合。

（3）溶液Ⅲ 6mL

5mol/L醋酸钠60mL、冰醋酸11.5mL、水28.5mL

（4）酚/氯仿（1∶1）16mL

（5）TE缓冲液0.8mL

10mmol/L Tris-HCl(pH8.0)0.5mL，1mmol/L EDTA(pH8.0)0.1mL定容至50mL。

（6）70%乙醇预冷40mL

（7）10mg/mL胰蛋白酶溶液（−20℃冻存）0.1mL

（8）凝胶加样缓冲液（5×）1mL

400g/L蔗糖、2.5g/L溴酚蓝

（9）5×TBE电泳缓冲液200mL

Tris 54g/L、硼酸27.5g/L、EDTA 2.5mmol/L（pH8.0）

（四）实验步骤

1. 质粒DNA的提取

（1）将带有质粒的大肠埃希菌DH5α接种在含有相应抗生素[氨苄西林（Amp）：50μg/mL]LB液体培养基中，37℃摇床振动培养过夜。

（2）取1.5mL培养菌体倒入微量离心管中，5000r/min离心2min。

（3）去掉管中上清液，尽可能使菌体沉淀干燥。

（4）加入100μL溶液Ⅰ，充分混匀，在室温下放置10min。

（5）加入200μL新配制的溶液Ⅱ，加盖，颠倒2～3次，使之混匀，冰上放置5min。

（6）加入提前冰上预冷的150μL溶液Ⅲ，加盖后颠倒数次混匀，冰上放置15min。

（7）12000r/min 离心 15min，上清液倒入另一离心管中。

（8）向上清液中加入等体积酚/氯仿，振荡混匀，12000r/min 离心 2min，将上清液转移至新的离心管中。

（9）向上清液中加入等体积的氯仿/异戊醇，振荡混匀，12000r/min 离心 2min，将上清液转移至新的离心管中。

（10）向上清液中加入两倍体积无水乙醇，混匀，室温放置 10min，12000r/min 离心 5min，倒去上清液，将离心管倒扣在吸水纸上，吸干液体。

（11）加入 1mL70％乙醇，振荡并离心，倒去上清液，真空抽干或空气中干燥，加入含有 20μg/mL 胰蛋白酶的 TE 缓冲液 20μL，溶解 DNA 分子，－20℃冻存待用。

2. 质粒 DNA 的酶切

DNA 纯度、缓冲液、温度条件及限制性内切酶本身都会影响限制性内切酶的活性。大部分限制性内切酶不受 RNA 或单链 DNA 的影响。当微量的污染物进入限制性内切酶贮存液中时，会影响其进一步使用，因此在吸取限制性内切酶时，每次都要用新的吸管头。

EP 管编号，加样

反应体系	超纯水	12.0μL
	10×缓冲液	2.0μL
	质粒 DNA	5.0μL
	内切酶	1.0μL
	总计	20μL

用手指轻弹管壁使溶液混匀，使溶液集中在管底，混匀反应体系后，37℃水浴保温 2～3h。

每管加入 2μL 0.1mol/L EDTA（pH8.0），电泳检测（参考实验二十五）。

（五）实验结果

大肠埃希菌质粒 DNA 的提取、酶切和琼脂糖凝胶电泳鉴定：通过凝胶成像系统观察电泳条带，并拍照记录结果。质粒 DNA 电泳图如图 38-2 所示。

（六）思考题

1. 染色体 DNA 与质粒 DNA 分离的主要依据是什么？
2. 保证酶切实验成功关键点是什么？

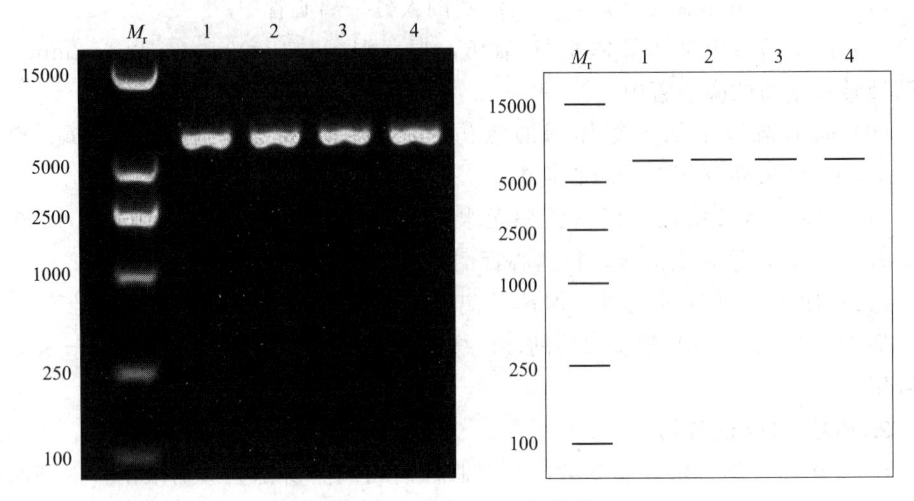

图 38-2　质粒 DNA 电泳图

M_r—DNA 分子量标准；1～4—DNA 样品

附录

一、实验室基本操作

（一）玻璃仪器的洗涤

新购买的玻璃仪器用自来水冲洗去除表面的泥污，然后用洗衣粉或洗涤灵刷洗，再用自来水冲净，浸泡在1%～2%盐酸溶液中过夜以除去玻璃表面的碱性物质。用自来水冲净后，用少量蒸馏水多次冲洗。

使用过的玻璃仪器先用自来水冲洗，然后将所有待洗的玻璃仪器放在含有洗衣粉或洗涤灵的温水中细心刷洗。待用自来水充分冲洗后用少量蒸馏水刷洗数次。凡洗净的玻璃仪器其内外壁上都不应带有水珠，否则表示未洗干净。仪器上的洗衣粉必须冲净，因为洗衣粉可能干扰某些实验。

比较脏的器皿或不便刷洗的仪器（如吸管）先用软纸擦去可能存在的凡士林或其他油污，用有机溶剂（如苯、煤油等）擦净后，用自来水冲洗后晾干，再放入重铬酸钾-硫酸洗液中浸泡过夜。取出后用自来水反复冲洗直至除去痕量的洗液。最后用蒸馏水冲洗数次。

普通玻璃仪器可在烘箱内烘干，但定量的玻璃仪器不能加热，一般采取晾干或依次用少量乙醇、乙醚清洗后，再用温热的气流吹干。

病毒、传染病患者的血清等沾污过的容器，应先进行消毒后再进行清洗。盛放过各种毒品，特别是剧毒药品和放射性同位素物质的容器必须经过专门处理，确认没有残余毒物存在时方可进行清洗。

（二）一些常用的清洗液

1. 肥皂水和洗衣粉或洗涤灵洗液是最常用的洗涤液，主要利用乳化作用除去污垢。一般玻璃仪器均可用其洗刷。

2. 重铬酸钾-硫酸洗液

广泛用于玻璃仪器的洗涤，其清洁效力来自它的强氧化性和强酸性。该洗液具有强腐蚀性，因此配制和使用洗液时要极为小心。重铬酸钾-硫酸洗液可反复使用多次，如洗液由红棕色变为绿色或过于稀释则不宜再用。常用两种配制方法如下：

（1）取100mL工业浓硫酸置于烧杯内，小心加热，然后慢慢加入5g重铬酸钾粉末，边加边搅拌，待全部溶解并缓慢冷却后，贮存在有玻璃塞的细口瓶内。

（2）称取5g重铬酸钾粉末，置于250mL烧杯中，加5mL的水使其溶解，然后慢慢加入100mL浓硫酸（小心，浓硫酸遇水放热），冷却后，装瓶备用。

3. 50～100g/L草酸溶液：草酸5～10g用水溶解后，溶至100mL，加入数滴硫酸或盐酸酸化，可洗去高锰酸钾的痕迹。

4. 50～100g/L磷酸三钠（$Na_3PO_4 \cdot 12H_2O$）溶液：可洗涤油污物，所洗仪器不能用于磷的测定。

5. 50～100g/L乙二胺四乙酸二钠（EDTA-Na_2）溶液：加热煮沸，利用EDTA和金属离子的配位效应，可洗脱玻璃仪器内壁的白色沉淀物和不易溶解的重金属盐类。

6. 尿素洗液：为蛋白质的良好溶剂，适用于洗涤接触过蛋白质制剂及血样的容器。

7. 有机溶剂：如丙酮、乙醚、乙醇等可用于洗脱油脂、脂溶性染料污痕等，二甲苯可洗脱油漆。

8. 氢氧化钾的乙醇溶液和含有高锰酸钾的氢氧化钠溶液：这是两种强碱性的洗涤液，对玻璃仪器的侵蚀性很强，可清除容器内壁污垢，洗涤时间不宜过长，使用时应小心慎重。

9. 乙醇-硝酸混合液：除去有机物，适合洗涤滴定管。

（三）溶液的混匀

配制溶液时，必须充分搅拌或振荡混匀。一般有以下几种混匀方式。

1. 搅拌式混匀

适用于烧杯内溶液的混匀。

（1）搅拌使用的玻璃棒必须两头都烧圆滑。

（2）搅棒的粗细长短，必须与容器的大小和所配制的溶液的多少呈适当比例关系。

（3）搅拌时，尽量使搅棒沿着器壁运动，不搅入空气，不使溶液飞溅。

（4）倾入液体时，必须沿器壁慢慢倾入，以免有大量空气混入。倾倒表面张力低的液体（如蛋白质溶液）时，更需缓慢仔细。

（5）研磨配制胶体溶液时，要使搅棒沿着研钵的一个方向进行，不要来回研磨。

2. 旋转式混匀

适用于锥形瓶、大试管内溶液的混匀。振荡溶液时，手握住容器后，以手腕、肘或肩作轴旋转容器，不应上下振荡。

3. 弹打式混匀

适用于离心管、小试管内溶液的混匀。可一只手持管的上端，用另一只手的手指弹动离心管。也可以用同一只手的大拇指和食指持管的上端，用其余3个手指弹动离心管。手指持管的松紧要随着振动的幅度变化。还可以把双手掌心相对合拢，夹住离心管来回搓动。

在容量瓶中混合液体时，应倒持容量瓶摇动，用食指或手心顶住瓶塞，并不时翻转容量瓶。

在分液漏斗中振荡液体时，应用一只手在适当斜度下倒持漏斗，用食指或手心顶住瓶塞，并不时用另一只手控制漏斗的活塞，一边振荡，一边开动活塞，使气体可以随时由漏斗泄出。

4. 吹吸混匀

用吸管、滴管或移液器将溶液反复吹吸数次，使溶液混匀。

5. 倾倒混匀

适用于液体量多、内径小的容器中溶液的混匀。主要是用两个容器将溶液来回倾倒数次，达到混匀的目的。

6. 磁力搅拌器混匀

一般用于烧杯内容物的混匀，方法是把装有待混合溶液的烧杯放在磁力搅拌器上，在烧杯内放入磁子，利用电磁力使磁子旋转，达到混匀的目的。

7. 振荡器混匀

利用振荡器使容器中的内容物振荡，即可混匀。

二、常用仪器的使用和注意事项

（一）移液器

移液器是精确量取微量液体的小件精密仪器，移液器能否正确使用，直接关系到实验的准确性，同时关系到移液器的使用寿命，下面以在一定范围内连续可调的移液器为例说明移液器的使用方法。

移液器由连续可调的机械装置和可替换的吸头组成，不同型号移液器吸头有所不同，实验室常用的移液器根据最大量程划分有2μL、10μL、20μL、50μL、200μL、1mL、5mL等不同规格。

1. 基本原理

其基本原理是依靠活塞的上下移动。其活塞移动的距离是由调节轮控制螺杆机构来实现的，推动按钮带动推杆使活塞向下移动，排出活塞腔内的气体。松手后，活塞在复位弹簧的作用下回复其原位，完成依次吸液过程。

2. 移液器的使用方法

（1）根据实验精度选用正确量程的移液器。

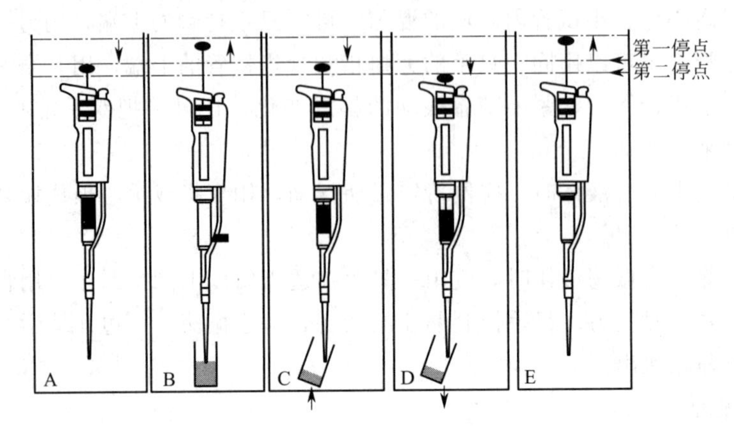

图 39-1　移液器操作步骤

（2）将微量移液器装上吸头，不同规格的移液器用不同的吸头（图 39-1，A）。

（3）将微量移液器按钮轻轻压至第一停点（图 39-1，B，C）。

（4）垂直握持移液器，使吸嘴浸入液样面下几毫米，千万不要将吸嘴直接插到液体底部。

（5）缓慢、平稳地松开控制按钮，吸上样液。否则液体进入吸嘴太快，导致液体倒吸入移液器内部，或吸入体积减小；等一秒钟后将吸嘴提离液面。

（6）平稳地把按钮压到第一停点，再把按钮压至第二停点以排出剩余液体，慢放控制钮（图 39-1，D，E）；然后按吸嘴弹射器除去吸头。

3. 注意事项

（1）未装吸嘴的移液器绝对不可用来吸取任何液体。

（2）一定要在允许量程范围内设定容量，千万不要将读数调节超出其适用的刻度范围，否则会造成损坏。

（3）当移液器吸嘴有液体时切勿将移液器水平或倒置放置，以防液体流入活塞室腐蚀移液器活塞。

（4）不要用大量程的移液器移取小体积样品，以免影响准确度。

（5）移液器在每次实验后应将刻度调至最大，使弹簧处于松弛状态以保护弹簧，延长移液器使用寿命。

（6）使用时要检查是否有漏液现象，方法是吸取液体后悬空垂直放置几秒，观察液面是否下降。

（二）电子天平

图 39-2 为不同精密度的电子天平，其使用方法及维护如下所述。

1. 水平调节。调节地脚螺栓高度，使水平仪内气泡位于圆环中央。

2. 开启显示器。按电源开关进行自检，约 2s 后，显示屏出现 0.000g 或 0.00g。

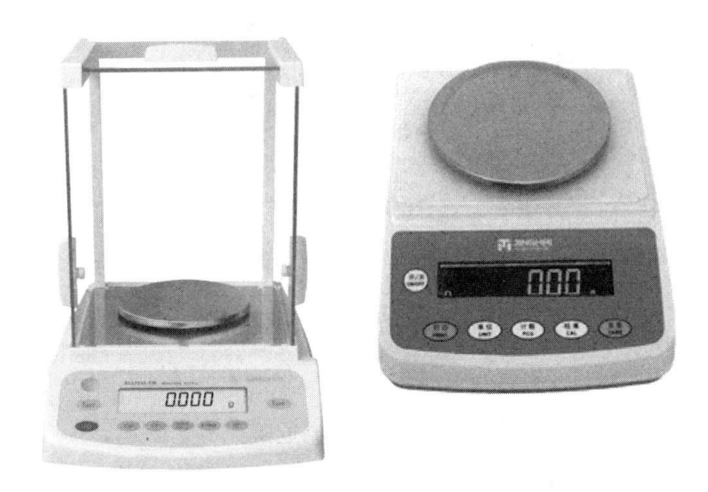

图 39-2　电子天平（彩图）

3. 预热。接通电源，至少预热 30min。

4. 称量。放上称量纸，按 TARE 键（左右均可），清零后，放置样品，天平显示样品质量。

5. 关机。称量结束后，若较短时间内仍继续使用天平（或其他人仍继续使用天平），一般不用按 OFF 键关闭显示器。实验全部结束后，关闭显示器，切断电源，若短时间内（例如 2h 内）仍继续使用天平，可不必切断电源，再用时可省去预热时间。

6. 校准。天平安装后，第一次使用前，应对天平进行校准。因存放时间较长、位置移动、环境变化或未获得精确测量，天平在使用前一般都应进行校准操作。本天平（图 39-2）采用外校准（有的电子天平具有内校准功能），由 TARE 键清零及 CAL 键、100g 校准砝码完成。

7. 注意事项。每次使用完成后应及时用毛笔清理天平内药品或试样残渣。

（三）离心机

1. 基本原理

离心机是利用离心力把密度不同的固体或液体分开的装置。离心技术广泛应用于工业、农业、医药、生物等科学研究领域。根据转速的不同，可分为低速、高速和超速等不同类型。以本实验室生物化学实验常用的 H1850R 台式低温高速离心机（图 39-3）为例。

图 39-3 离心机（彩图）

2. 使用方法

（1）安全检查，转子安装牢固，避免造成危险。

（2）离心前，先将离心的物质转移至合适的离心管中，其量以距离心管口 1～2cm 为宜，以免在离心时甩出。将装有溶液的离心管在天平上配平。

（3）将配平完毕的离心管放在离心机转子的对称位置上，并盖好离心机盖。一定要确保转子盖子正确安装后才能继续操作。

（4）接通电源，开启开关，设定转速、时间、温度、转子编号等参数。屏显左下角的编号一定要和转子盖子上编号一致，否则开始后仪器会报警提示。

（5）按下“START”键，启动离心。

（6）离心完毕，离心机自动降速，待离心机自行停止转动后，才可打开机盖，取出离心样品。对手动式离心机，先将调速旋钮置于零处，才能开盖，取出样品。

（7）检查是否有液体溢到离心机内，如有，及时清理干净。

（8）机器使用完，确保机内干燥，关闭盖子，关闭电源。

3. 注意事项

（1）离心机要放在平坦、结实的地面或实验台上，不允许倾斜。

（2）离心机应接地线，以确保安全。

（3）离心机启动后，如有不正常的噪声及振动时，可能离心管破碎或相对位置上的两管质量不平衡，应立即关机处理。

（4）安全、正确地使用离心机，关键在于做好离心前的配平。

（5）机器在转动时，严禁开盖。

（四）酸度计

1. 使用方法

（1）打开电源开关，预热 30min。

（2）取出电极，洗净、吸干，放入标准缓冲溶液，摇匀，待读数稳定后，显示值为25°C时标准pH。

（3）取出电极，洗净、吸干，放入另一标准缓冲溶液中，摇匀，待读数稳定后，显示值为25°C时标准pH。

（4）取出电极，洗净、吸干。重复校正，直到两标准溶液的测量值与标准pH基本相符为止。

（5）校正过程结束后，进入测量状态。将电极放入盛有待测溶液的烧杯中，轻轻摇匀，待读数稳定后，记录读数。

（6）完成测试后，移走溶液，用蒸馏水冲洗电极，吸干，放在保存液里，关闭电源，结束实验。酸度计如图39-4所示。

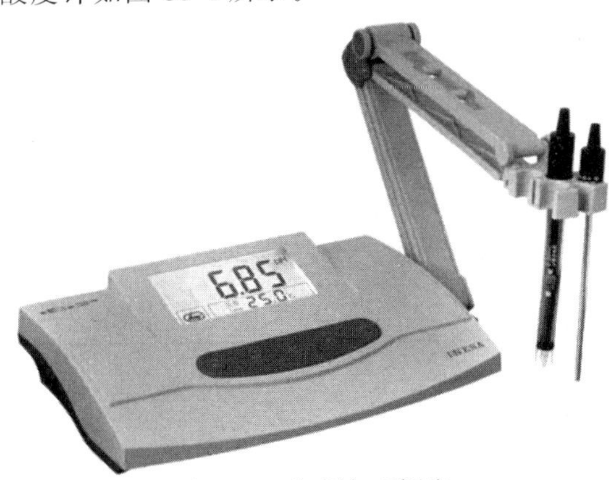

图39-4　酸度计（彩图）

2. 注意事项

（1）将电极上多余的水珠吸干或用被测溶液冲洗两次，然后将电极浸入被测溶液中，并轻轻转动或摇动小烧杯，使溶液均匀接触电极。

（2）被测溶液的温度应与标准缓冲溶液的温度相同。

（3）防止仪器与潮湿气体接触。潮气的侵入会降低仪器的绝缘性，使其灵敏度、精密度、稳定性都降低。

（4）玻璃电极小球的玻璃膜极薄，容易破损。切忌与硬物接触。

（5）玻璃电极的玻璃膜不要沾上油污，如不慎沾有油污可先用四氯化碳或乙醚冲洗，再用乙醇冲洗，最后用蒸馏水洗净。

（6）甘汞电极的氯化钾溶液中不允许有气泡存在，其中有极少结晶，以保持饱和状态。如结晶过多，毛细孔堵塞，最好重新灌入新的饱和氯化钾溶液。

3. 标准缓冲液的配制

所用的标准缓冲液试剂容易提纯也比较稳定。常用的配制方法如下：

（1）pH＝4.00的标准缓冲液（10～20°C）：称取在105°C干燥1h的邻苯二甲酸氢钾5.07g，加重蒸水溶解，并定容至500mL。

（2）pH＝6.88的标准缓冲液（20°C）：称取在130°C干燥2h的磷酸二氢钾（KH_2PO_4）3.401g，磷酸氢二钠（$Na_2HPO_4 \cdot 12H_2O$）8.95g或无水磷酸氢二钠（Na_2HPO_4）3.549g，加重蒸水溶解并定容至500mL。

（3）pH＝9.18的标准缓冲液（25°C）：称取硼酸钠（$Na_2B_4O_7 \cdot 10H_2O$）3.8144g或无水硼酸钠（$Na_2B_4O_7$）2.02g加重蒸水溶解并定容至100mL。

不同温度时标准缓冲液的pH如表39-1所示。

表39-1　不同温度时标准缓冲液的pH

温度/°C	酸性酒石酸钾（25°C时饱和）	0.05mol/L邻苯二甲酸氢钾	0.025mol/L磷酸二氢钾＋0.025mol/L磷酸氢二钠	0.087mol/L磷酸二氢钾＋0.087mol/L磷酸氢二钠	0.01mol/L硼砂
0	—	4.01	6.98	7.53	9.46
10	—	4.00	6.92	7.47	9.33
15	—	4.00	6.90	7.45	9.27
20	—	4.00	6.88	7.43	9.23
25	3.56	4.01	6.86	7.41	9.18
30	3.55	4.02	6.85	7.40	9.14
38	3.55	4.03	6.84	7.38	9.08
40	3.55	4.04	6.84	7.38	9.07
50	3.55	4.06	6.83	7.37	9.01

（五）紫外分光光度计

T6S型紫外可见分光光度计（图39-5）的使用方法如下所述。

图39-5　紫外可见分光光度计（彩图）

1. 开机自检：打开仪器电源，仪器开始初始化；约3min初始化完成。初始化完成后，仪器进入主菜单界面。

2. 进入光度测量状态：按“ENTER”键，进入光度测量界面。

3. 进入测量界面：按“START/STOP”键进入样品测定界面。

4. 设置测量波长：按“GOTOλ”键，输入测量的波长，按“ENTER”键确认，仪器将自动调整波长。

5. 进入设置参数：按“SET”键进入参数设定界面，按↓键使光标移动到“试样设定”，按“ENTER”键确认，进入设定界面。

6. 设定使用样品池个数：按↓键使光标移动到“使用样池数”，按“ENTER”键循环选择需要使用的样品池个数。

7. 样品测量：按“RETURN”键返回到参数设定界面，再按“RETURN”键返回到光度测量界面。在1号样品池内放入空白溶液，2号池内放入待测样品。关闭样品池盖后按“ZERO”键进行空白校正，再按“START/STOP”键进行样品测量。

8. 如果需要测量下一个样品，取出比色皿，更换为下一个测量的样品按“START/STOP”键即可读数；如果需要更换波长，可以直接按“GOTOλ”键，调整波长；如果每次使用的比色皿数量是固定个数，下一次使用仪器时可以跳过第5、6步骤直接进入样品测量。

9. 结束测量：测量完成后记录数据，退出程序或关闭仪器后测量数据将消失。确保已从样品池中取出所有比色皿，清洗干净以便下一次使用。按“RETURN”键直到返回到仪器主菜单界面后再关闭仪器电源。

10. 注意事项

（1）务必保持比色皿透光面的清洁。不要用手触摸比色皿光滑的一面，更不要用毛刷刷洗比色皿，以免影响读数的准确。

（2）脏的比色皿可浸泡在肥皂水中，然后再用自来水和蒸馏水冲洗干净。倒置晾干备用。

（3）比色皿外边沾有水或待测溶液时，可先用滤纸吸干，再用镜头纸擦净。

（4）把比色皿放入比色皿架时，要尽量使它们的位置前后一致。

（5）测定时应尽量使被测溶液的光吸收值在仪器正常范围内。

（6）使用的比色皿必须洁净，并注意配对使用。

（7）取比色皿时，手指应拿毛玻璃面的两侧，装盛样品以池体的4/5为度，使用挥发性溶液时应加盖，透光面要用擦镜纸由上而下擦拭干净，检视应无溶剂残留。比色皿放入样品室时应注意方向相同。用后用溶剂或水冲洗干净，晾干防尘保存。

三、试剂的配制及其分级

（一）试剂配制的注意事项

1. 一般溶液都用蒸馏水或去离子水配制，有特殊要求的除外。容器应用蒸馏水或去离子水洗三次以上。

2. 称量要准确，特别是在配制标准溶液与缓冲溶液时，更要注意严格称量。有特殊要求的，要按规定干燥、提纯等。

3. 试剂应根据需要量配制，一般不易过多，以免积压浪费、过期失效。

4. 试剂（特别是液体）一经取出，不得放回原瓶，以免因量器或药勺不干净而污染整瓶试剂。取固体试剂时，必须使用洁净干燥的药勺。

5. 化学试剂根据质量分为各种规格（分级）。

另外还有一些规格，如纯度很高的光谱纯、色谱纯，纯度较低的工业用，药典纯（相当于四级）等。应根据实验要求选择不同规格的试剂。

6. 配制试剂所用的玻璃器皿，要洁净，存放试剂的试剂瓶应清洁干燥。

7. 溶液要用带塞的试剂瓶盛装。

8. 配制好的试剂应及时装入试剂瓶，注明试剂名称、浓度、配制人、配制日期，也可加上有效期限。

9. 溶液储存时应注意避免使溶液变质。

10. 配制硫酸、磷酸、硝酸、盐酸等溶液时，应把酸倒入水中。

11. 不能用手直接接触腐蚀性及有剧毒的溶液，剧毒废液应作解毒处理，不可直接倒入下水道。

12. 应熟悉一些常用溶液的配制方法及常用试剂的性质。

13. 有些化学试剂易变质，变质后不能继续使用。易变质和需要用特殊方法保存的常用试剂见表 39-2。一般化学试剂的分级如表 39-3 所示。

表 39-2 易变质和需特殊方法保存的试剂

注意事项	反应	试剂名称举例
需要密封	易潮解吸湿	氧化钙、氢氧化钠、氢氧化钾、碘化钾、三氯乙酸
	易失水风化	结晶硫酸钠、硫酸亚铁、含水磷酸氢二钠、硫代硫酸钠
	易挥发	氨水、氯仿、醚、碘、麝香草酚、甲醛、乙醇、丙酮
	易吸收 CO_2	氢氧化钾、氢氧化钠
	易氧化	硫酸亚铁、醚、醛类、抗坏血酸(维生素 C)和一切还原剂
	易变质	丙酮酸钠、乙醚和许多生物制品(常需冷藏)

续表

注意事项	反应	试剂名称举例
需要避光	见光变色	硝酸银(变黑)、酚(变淡红)、氯仿(产生光气)、茚三酮(变淡红)
	见光分解	氯仿、漂白粉、氢氰酸、过氧化氢
	见光氧化	乙醚、醛类、亚铁盐和一切还原剂
特殊方法保管	易爆炸	苦味酸(2,4,6-三硝基苯酚)、硝酸盐类、过氯酸、叠氮钠
	剧毒	氰化钾(钠)、汞、砷化物、溴
	易燃	乙醚、甲醇、乙醇、丙醇、苯、甲苯、二甲苯、汽油
	腐蚀	强酸(硫酸、硝酸、盐酸等)、强碱(氢氧化钠、氢氧化钾等)

表 39-3　一般化学试剂的分级

标准和用途	一级试剂	二级试剂	三级试剂	四级试剂	生物级试剂
中国标准	保证试剂 G. R. 绿色标签	分析纯 A. R. 红色标签	化学纯 C. P. 蓝色标签	实验试剂化学用 L. R.	B. R. 或 C. R.
国际标准	A. R. G. R. A. C. S. P. A. X. Y.	C. P. PU. S. S. Puriss Y. u. Ⅱ. A	L. R. E. P. Y.	P. Pure	
用途	纯度最高，杂质含量最少的试剂，适用于最精确分析及研究工作	纯度较高，杂质含量较低，适用于最精确的微量分析工作，为分析实验室广泛应用	质量略低于二级试剂，适用于一般的微量分析实验，包括要求不高的工业分析和快速分析	纯度较低，但高于工业用的试剂，适用于一般定性检验	根据说明书使用

(二) 几种常用缓冲液的配制

生物实验室中常用的某些缓冲液列在表 39-4 中。绝大多数缓冲液的有效范围在其 pK_a 值左右(约 1pH 单位)。

表 39-4　常用缓冲液

酸或碱	pK_{a1}	pK_{a2}	pK_{a3}
磷酸	2.1	7.2	12.3
柠檬酸	3.1	4.8	5.4
碳酸	6.4	10.3	
乙酸	4.8		
巴比妥酸	3.4		
三羟甲基氨基甲烷(Tris)	8.3		

选择实验的缓冲系统时，要特别慎重。因为影响实验结果的因素有时并不是缓冲液的 pH，而是缓冲液中的某种离子。选用下列缓冲液时应加以注意。

（1）硼酸盐　这个化合物能与许多化合物（如糖）生成复合物。

（2）柠檬酸盐　柠檬酸离子能与钙离子结合，因此不能在钙离子存在时使用。

（3）磷酸盐　它可能在一些试验中作为酶的抑制剂甚至代谢物起作用。重金属离子能与此溶液生成磷酸盐沉淀，而且它在 pH7.5 以上的缓冲能力很小。

（4）Tris　这个缓冲液能在重金属离子存在时使用，但也可能在一些系统中起抑制剂的作用。其主要缺点是温度效应（此点常被忽视）。室温时 pH7.8 的 Tris 缓冲液在 4°C 时的 pH 为 8.4，在 37°C 时为 7.4，因此一种物质在 4°C 制备时到 37°C 测量时其氢离子浓度可增加 10 倍之多。Tris 在 pH7.5 以下的缓冲能力很弱。

1. 磷酸氢二钠-柠檬酸缓冲液

不同 pH 的磷酸氢二钠-柠檬酸缓冲液的配制如表 39-5 表示。

表 39-5　磷酸氢二钠-柠檬酸缓冲液

pH	0.2mol/L Na_2HPO_4/mL	0.1mol/L 柠檬酸/mL	pH	0.2mol/L Na_2HPO_4/mL	0.1mol/L 柠檬酸/mL
2.2	0.40	19.60	4.8	9.86	10.14
2.4	1.24	18.76	5.0	10.30	9.70
2.6	2.18	17.82	5.2	10.72	9.28
2.8	3.17	16.83	5.4	11.15	8.85
3.0	4.11	15.89	5.6	11.60	8.4
3.2	4.94	15.06	5.8	12.09	7.91
3.4	5.70	14.30	6.0	12.63	7.37
3.6	6.44	13.56	6.2	13.22	6.78
3.8	7.10	12.90	6.4	13.85	6.15
4.0	7.71	12.29	6.6	14.55	5.45
4.2	8.28	11.72	6.8	15.45	4.55
4.4	8.82	11.18	7.0	16.47	3.53
4.6	9.35	10.65	7.2	17.39	2.61
7.4	18.17	1.83	7.8	19.15	0.85
7.6	18.73	1.27	8.0	19.45	0.55

注：Na_2HPO_4 分子量＝141.98；0.2mol/L 溶液为 28.40g/L。

$Na_2HPO_4 \cdot 2H_2O$ 分子量＝178.05；0.2mol/L 溶液为 35.61g/L。

$C_6H_8O_7 \cdot 2H_2O$ 分子量＝210.14；0.1mol/L 溶液为 21.01g/L。

2. 柠檬酸-柠檬酸钠缓冲液（0.1mol/L）

不同 pH 值的柠檬酸-柠檬酸钠缓冲液的配制如表 39-6 所示。

表 39-6　柠檬酸-柠檬酸钠缓冲液

pH	0.1mol/L 柠檬酸/mL	0.1mol/L 柠檬酸钠/mL	pH	0.1mol/L 柠檬酸/mL	0.1mol/L 柠檬酸钠/mL
3.0	18.6	1.4	5.0	8.2	11.8
3.2	17.2	2.8	5.2	7.3	12.7
3.4	16.0	4.0	5.4	6.4	13.6
3.6	14.9	5.1	5.6	5.5	14.5
3.8	14.0	6.0	5.8	4.7	15.3
4.0	13.1	6.9	6.0	3.8	16.2
4.2	12.3	7.7	6.2	2.8	17.2
4.4	11.4	8.6	6.4	2.0	18.0
4.6	10.3	9.7	6.6	1.4	18.6
4.8	9.2	10.8			

注：柠檬酸 $C_6H_8O_7 \cdot H_2O$ 分子量=210.14；0.1mol/L 溶液为 21.01g/L。

柠檬酸钠 $Na_3C_6H_5O_7 \cdot 2H_2O$ 分子量=294.12；0.1mol/L 溶液为 29.41g/L。

3. 醋酸-醋酸钠缓冲液 (0.2mol/L)

不同 pH 值的醋酸-醋酸钠缓冲液的配制如表 39-7 所示。

表 39-7　醋酸-醋酸钠缓冲液

pH18℃	0.2mol/L NaAc/mL	0.2mol/L HAc/mL	pH18℃	0.2mol/L NaAc/mL	0.2mol/L HAc/mL
3.6	0.75	9.25	4.8	5.90	4.10
3.8	1.20	8.80	5.0	7.00	3.00
4.0	1.80	8.20	5.2	7.90	2.10
4.2	2.65	7.35	5.4	8.60	1.40
4.4	3.70	6.30	5.6	9.10	0.90
4.6	4.90	5.10	5.8	9.40	0.60

注：$NaAc \cdot 3H_2O$ 分子量=136.09；0.2mol/L 溶液为 27.22g/L。

4. 磷酸盐缓冲液

（1）不同 pH 值磷酸氢二钠-磷酸二氢钠缓冲液(0.2mol/L) 配制如表 39-8 所示。

表 39-8　磷酸氢二钠-磷酸二氢钠缓冲液

pH	0.2mol/L Na_2HPO_4/mL	0.2mol/L NaH_2PO_4/mL	pH	0.2mol/L Na_2HPO_4/mL	0.2mol/L NaH_2PO_4/mL
5.8	8.0	92.0	7.0	61.0	39.0
5.9	10.0	90.0	7.1	67.0	33.0
6.0	12.3	87.7	7.2	72.0	28.0
6.1	15.0	85.0	7.3	77.0	23.0
6.2	18.5	81.5	7.4	81.0	19.0
6.3	22.5	77.5	7.5	84.0	16.0
6.4	26.5	73.5	7.6	87.0	13.0
6.5	31.5	68.5	7.7	89.5	10.5
6.6	37.5	62.5	7.8	91.5	8.5
6.7	43.5	56.5	7.9	93.0	7.0
6.8	49.0	51.0	8.0	94.7	5.3
6.9	55.0	45.0			

注：$Na_2HPO_4 \cdot 2H_2O$ 分子量=178.05；0.2mol/L 溶液为 35.61g/L。

$Na_2HPO_4 \cdot 12H_2O$ 分子量=358.22；0.2mol/L 溶液为 71.64g/L。

$NaH_2PO_4 \cdot H_2O$ 分子量=138.01；0.2mol/L 溶液为 27.6g/L。

$NaH_2PO_4 \cdot 2H_2O$ 分子量=156.03；0.2mol/L 溶液为 31.21g/L。

（2）不同 pH 值磷酸氢二钠-磷酸二氢钾缓冲液（1/15mol/L）配制如表 39-9 所示。

表 39-9　磷酸氢二钠-磷酸二氢钾缓冲液

pH	1/15mol/L Na_2HPO_4/mL	1/15mol/L KH_2PO_4/mL	pH	1/15mol/L Na_2HPO_4/mL	1/15mol/L KH_2PO_4/mL
4.92	0.10	9.90	7.17	7.00	3.00
5.29	0.50	9.50	7.38	8.00	2.00
5.91	1.00	9.00	7.73	9.00	1.00
6.24	2.00	8.00	8.04	9.50	0.50
6.47	3.00	7.00	8.34	9.75	0.25
6.64	4.00	6.00	8.67	9.90	0.10
6.81	5.00	5.00			
6.98	6.00	4.00			

注：$NaH_2PO_4 \cdot 2H_2O$ 分子量＝178.05；l/15mol/L 溶液为 11.876g/L。

KH_2PO_4 分子量＝136.09；1/15mol/L 溶液为 9.078g/L。

5. 巴比妥钠-盐酸缓冲液 (18°C)

不同 pH 值巴比妥钠-盐酸缓冲液配制如表 39-10 所示。

表 39-10　巴比妥钠-盐酸缓冲液

pH	0.04mol/L 巴比妥钠溶液/mL	0.2mol/L 盐酸/mL	pH	0.04mol/L 巴比妥钠溶液/mL	0.2mol/L 盐酸/mL
6.8	100	18.4	7.0	100	17.8
7.2	100	16.7	8.6	100	3.82
7.4	100	15.3	8.8	100	2.52
7.6	100	13.4	9.0	100	1.65
7.8	100	11.47	9.2	100	1.13
8.0	100	9.39	9.4	100	0.70
8.2	100	7.21	9.6	100	0.35
8.4	100	5.21			

注：巴比妥钠盐分子量＝206.17；0.04mol/L 溶液为 8.25g/L。

6. Tris-盐酸缓冲液 (0.05mol/L 25°C)

50mL0.1mol/L 三羟甲基氨基甲烷（Tris）溶液与 XmL0.1mol/L 盐酸混匀后，加水稀释至 100mL。

不同 pH 值 Tris-盐酸缓冲液配制如表 39-11 所示。

表 39-11　Tris-盐酸缓冲液

pH	X/mL	pH	X/mL
7.10	45.7	8.10	26.2
7.20	44.7	8.20	22.9
7.30	43.4	8.30	19.9
7.40	42.0	8.40	17.2
7.50	40.3	8.50	14.7
7.60	38.5	8.60	12.4
7.70	36.6	8.70	10.3
7.80	34.5	8.80	8.5
7.90	32.0	8.90	7.0
8.00	29.2	9.00	5.7

注：三羟甲基氨基甲烷(Tris) 分子量=121.14；0.1mol/L 溶液为 12.114g/L。Tris 溶液可从空气中吸收二氧化碳，使用时注意密闭。

7. 碳酸钠-碳酸氢钠缓冲液 (0.1mol/L)

Ca^{2+}、Mg^{2+} 存在时不得使用。不同 pH 值碳酸钠-碳酸氢钠缓冲液配制如表 39-12 所示。

表 39-12　碳酸钠-碳酸氢钠缓冲液

pH		0.1mol/L Na_2CO_3/mL	0.1mol/L $NaHCO_3$/mL
20℃	37℃		
9.16	8.77	1	9
9.40	9.12	2	8
9.51	9.40	3	7
9.78	9.50	4	6
9.90	9.72	5	5
10.14	9.90	6	4
10.28	10.08	7	3
10.53	10.28	8	2
10.83	10.57	9	1

注：$Na_2CO_3 \cdot 10H_2O$ 分子量=286.2；0.1mol/L 溶液为 28.62g/L。

$NaHCO_3$ 分子量=84.0；0.1mol/L 溶液为 8.40g/L。

8. 广范围缓冲液 (pH2.6～12.0) (18°C)

混合液 A：6.008g 柠檬酸、3.893g 磷酸二氢钾、1.769g 硼酸和 5.266g 巴比妥加蒸馏水定容至 1000mL。不同 pH 值广范围缓冲液配制如表 39-13 所示。

每 100mL 混合液 A+x mL0.2 mol/L NaOH 溶液，加水至 1000mL。

表 39-13 广范围缓冲液

pH	0.2mol/L NaOH 溶液 x/mL	水/mL	pH	0.2mol/L NaOH 溶液 x/mL	水/mL
2.6	2.0	898.0	6.8	48.3	851.7
2.8	4.3	896.7	7.0	50.6	849.4
3.0	6.4	893.6	7.2	52.9	847.1
3.2	8.3	891.7	7.4	55.8	844.2
3.4	10.1	889.9	7.6	58.6	841.4
3.6	11.8	888.2	7.8	61.7	838.3
3.8	13.7	886.3	8.0	63.7	836.3
4.0	15.5	884.5	8.2	65.6	834.4
4.2	17.6	882.4	8.4	67.5	832.5
4.4	19.9	880.1	8.6	69.3	830.7
4.6	22.4	877.6	8.8	71.0	829.0
4.8	24.8	875.2	9.0	72.7	827.3
5.0	27.1	872.9	9.2	74.0	826.0
5.2	29.5	870.5	9.4	75.9	824.1
5.4	31.8	868.2	9.6	77.6	822.4
5.6	34.2	865.8	9.8	79.3	820.7
5.8	36.5	863.5	10.0	80.8	819.2
6.0	38.9	861.1	10.2	82.0	818.0
6.2	41.2	858.8	10.4	82.9	817.1
6.4	43.5	856.5	10.6	83.9	816.1
6.6	46.0	854.0	10.8	84.9	815.1
11.0	86.0	814.0	11.6	92.0	808.0
11.2	87.7	812.3	11.8	95.0	805.0
11.4	89.7	810.3	12.0	98.3	801.7

(三) 常用酸碱指示剂

1. 某些常用指示剂

表 39-14 为某些常用试剂配制方法。

表 39-14 常用试剂配制方法

名称	配制方法	pH 范围
百里酚蓝(Thymol blue)(酸范围)	0.1g 溶于 10.75mL 0.02mol/L NaOH,用水稀释到 250mL	1.2～2.8 红 黄

名称	配制方法	pH 范围
溴酚蓝(Bromophenol blue)	0.1g 溶于 7.45mL 0.02mol/L NaOH，用水稀释到 250mL	3.0～4.6 黄 蓝
甲基红(Methyl red)	0.1g 溶于 18.6mL 0.02mol/L NaOH，用水稀释到 250mL	4.4～6.2 红 黄
溴甲酚紫(Bromocresol purple)	0.1g 溶于 9.25mL 0.02mol/L NaOH，用水稀释到 250mL	5.2～6.8 黄 紫
酚红(Phenol red)	0.1g 溶于 14.20mL 0.02mol/L NaOH，用水稀释到 250mL	6.8～8.0 黄 紫
百里酚蓝(Thymol blue)(碱范围)	0.1g 溶于 10.75mL 0.02mol/L NaOH，用水稀释到 250mL	8.0～9.6 黄 红
酚酞(Phenolphthalein)	0.1g 溶于 250mL 70%乙醇	8.2～10.0 无色 红紫
甲酚红(酸范围)(Cresol red)	0.1g 溶于 13.1mL 0.2mol/L NaOH，用水稀释到 250mL	0.2～1.8 红 黄
甲基黄(Methyl yellow)	0.1g 溶于 250mL 90%乙醇	2.8～4.0 红 黄
刚果红(Congo red)	0.1g 溶于 250mL 80%乙醇	3.0～5.0 紫 橙红
溴甲酚绿(Bromocresol green)	0.1g 溶于 3.00mL 0.1mol/L NaOH，用水稀释到 250mL	3.6～5.2 黄 蓝
石蕊(Litmus)	0.1g 溶于 2.36mL 0.1mol/L NaOH，用水稀释到 250mL	5.0～8.9 红 蓝
溴麝香草酚蓝(Bromothymol blue)	0.1g 溶于 1.85mL 0.1mol/L NaOH，用水稀释到 250mL	6.0～7.6 黄 蓝
中性红(Neutral red)	0.1g 溶于 250mL 70%乙醇	6.8～8.0 红 棕黄
间苯甲酚紫(碱范围)(M-cresol purple)	0.1g 溶于 250mL 70%乙醇	7.6～9.2 黄 紫
甲酚红(碱范围)(Cresol red)	0.1g 溶于 2.82mL 0.1mol/L NaOH，用水稀释到 250mL	7.2～8.8 黄 红
麝香草酚酞(Thymolphthalein)	0.1g 溶于 250mL 70%乙醇	8.3～10.5 无色 蓝
氯酚红(Chlorophenol red)	0.1g 溶于 2.36mL 0.1mol/L NaOH，用水稀释到 250mL	小于 6.1 黄绿；大于 6.1 蓝紫

2. 混合指示剂

表 39-15 为混合指示剂配制方法。

表 39-15 混合指示剂配制方法

指示剂溶液的组成	变色点 pH	酸性	碱性	备注
1 份 0.1%甲基黄乙醇溶液 1 份 0.1%甲烯蓝乙醇溶液	3.28	蓝紫	绿	pH=3.4 绿色 pH=3.2 蓝紫

续表

指示剂溶液的组成	变色点 pH	酸性	碱性	备注
4 份 0.1%甲基红乙醇溶液 1 份 0.1%甲烯蓝乙醇溶液	5.4	红紫	绿	pH=5.2 红紫， 5.4 暗蓝，5.6 绿色
1 份 0.1%中性红乙醇溶液 1 份 0.1%甲烯蓝乙醇溶液	7.0	蓝紫	绿	pH=7.0 蓝紫， 保存于深色瓶中
1 份 0.1%α-萘酚乙醇溶液 3 份 0.1%酚酞乙醇溶液	8.9	浅红	紫	pH=8.6 浅绿，9.0 紫色

四、习题参考答案

糖类习题集

（一）单项选择题

1. C　2. A　3. E　4. B　5. A　6. C　7. E　8. D

（二）多项选择题

1. BCE　2. ABCE　3. ACDE

（三）论述题

叙述血糖的来源和去路。哪些激素在维持血糖浓度上有重要影响？它们是如何调节血糖浓度的？

答题要点：血糖的来源：①食物中的糖类物质经消化吸收入血（主要来源）；②肝贮存的糖原分解成葡萄糖入血（空腹时血糖的直接来源）；③禁食时以甘油、某些有机酸及生糖氨基酸为主的非糖物质，异生为葡萄糖。血糖的去路：①氧化分解供能（主要去路）；②肝、肌肉等组织可将葡萄糖合成糖原（糖的储存形式）；③转变为非糖物质（脂肪、非必需氨基酸等）；④转变成其他糖及糖衍生物（核糖、脱氧核糖、氨基多糖、糖醛酸等）；⑤当血糖浓度高于 8.9mmol/L 时随尿排出（糖尿）。

调节血糖的激素：①降糖，胰岛素，增加肌肉和脂肪组织细胞膜对葡萄糖的通透性，促进糖原进入细胞；加速葡萄糖的氧化分解；促进糖原合成；抑制糖异生；促进糖转变为脂肪。②升糖，胰高血糖素，糖皮质激素和肾上腺素。胰高血糖素，提高靶细胞内 cAMP 含量来调节血糖浓度。胞内 cAMP 可激活依赖 cAMP 的蛋白激酶，后者通过酶蛋白的磷酸化修饰改变酶的活性，激活糖原分解和糖异生的关键酶，抑制糖原合成和糖氧化的关键酶，升高血糖；激活脂肪组织的激素敏感性脂肪酶，加速脂肪的动员和氧化供能，减少组织对糖的利用。糖皮质激素，促进肌肉蛋白质分解，产生的氨基酸在肝中进行糖异生；抑制肝外组织摄取和利用葡萄糖；促进脂肪动员的激素分泌，间接抑制周围组织摄取葡萄糖。肾上腺素，应激状态下发挥调节作用，通过肝和肌肉的细胞膜受体、cAMP、蛋白激酶，蛋白激酶级联激活磷酸化酶，加速糖原分解。

脂类习题集

（一）单项选择题

1. C　2. E　3. A　4. C　5. C　6. C　7. C　8. B　9. C

（二）多项选择题

1. ABCD　2. ABDE　3. CDE　4. ABCD

（三）简答题

超速离心法可将血浆脂蛋白分为几种，每种脂蛋白的主要功能是什么？

答题要点：脂蛋白分为四类：乳糜微粒 CM、极低密度脂蛋白 VLDL（前 β-脂蛋白）、低密度脂蛋白 LDL（β-脂蛋白）和高密度脂蛋白 HDL（α-脂蛋白），它们的主要功能分别是转运外源性脂肪、转运内源性脂肪、转运胆固醇及逆转运胆固醇。

蛋白质的结构与功能习题集

（一）单项选择题

1. D　2. A　3. A　4. D　5. C　6. B　7. A　8. B　9. C　10. B　11. C　12. B　13. C　14. E　15. E　16. A　17. C　18. E

（二）多项选择题

1. BCD　2. BCD　3. BD　4. ABDE　5. ABCDE

核酸的结构与功能习题集

（一）单项选择题

1. A　2. B　3. B　4. D　5. C　6. B　7. C　8. C　9. D　10. D　11. B

（二）多项选择题

1. ABC　2. ACE　3. ABCD　4. ABC　5. DE

酶类习题集

（一）单项选择题

1. E 2. A 3. D 4. A 5. A 6. C 7. D 8. B 9. E 10. A 11. E 12. E 13. B 14. E 15. E 16. E 17. D 18. D 19. B 20. B 21. C 22. A

（二）多项选择题

1. BE　2. ABCDE　3. AD　4. BCE　5. AC　6. ABDE　7. BD　8. AC

维生素习题集

1. B　2. C　3. E　4. D　5. B　6. D　7. A　8. C